世界兽医经典著作译丛

兽医临床流行病学指南

〔美〕奥罗拉·维拉里尔（Aurora Villarroel） 编著

王幼明　徐全刚　高　璐　主译

U0255629

中国农业出版社

北　京

译 者 名 单

主 译 王幼明 徐全刚 高 璐

参 译（以姓氏笔画为序）

韦欣捷 刘 平 刘爱玲 孙向东

李 印 李 娟 杨宏琳 沈朝建

赵 雯 倪雪霞

前　　言

本书的目的不是帮助您成为一名流行病学家，而是开阔您的视野，了解流行病学及其在兽医临床工作中的应用。

什么是流行病学？流行病学的定义是研究群体中的疾病。也许是因为群体一词，很多人认为只有那些与牛或其他食用动物打交道的兽医才会应用流行病学。然而，伴侣动物兽医也是每天在应用流行病学方法，他们不是在真空中对单个患病动物进行治疗，而是在公园、演出场地、聚会场所、街道或是兽医诊所里治疗，这样患病动物就成为群体中的一员，因此，我们每天都在面对动物群体。熟悉和有效应用流行病学方法，能让我们成为更好的临床兽医，更好地预防和治疗疾病，改善病患的健康。

在本书中，您会看到"疾病"和"情况"这两个术语的交替使用。这是因为无论是确定一种疾病（如跛行），还是确定一种情况（如母马双胎妊娠）的风险时，都可使用相同的流行病学方法。母马双胎妊娠不是疾病，但是一个问题。其他一些不是问题的"情况"，如癌症治疗中的"治愈""治疗效果好""寿命延长"等，也可应用同样的流行病学方法进行研究。

本书的第一、二章描述了疾病的测量方法和常用的流行病学术语。本书只有很少的部分涉及统计学，用以指出什么是适当的统计检验。本书没有对这些检验进行更多的解释，也没有公式，如有需要，请查阅相关统计学书籍。第三章的主题是如何阅读和理解研究报告，这是本书最重要的部分。对新知识而言，研究论文是"矛尖"，但不能认为发表的就是好的、准确的或真实的。我希望您能够应用这一章的知识，判断该研究是否能够得到这些结论，是否可应用这些结论来帮助您的病患。第四章以案例的方式介绍了不同的流行病学研究设计，分析其优缺点以及从中可获取的信息。第五章提及了流行病学中的一个关键点：关联并不意味着因果。如果您曾与流行病学家长谈，可能会注意到，流行病学家在使用每个术语时都非常谨慎，本章中将解释原因。本书的最后两章将介绍兽医诊所日常工作中常用的两种流行病学方法：诊断试验（第六章）和暴发调查（第七章）。在第六章中，您将学习如何评估检测方法的优缺点，如何正确解释结果。在第七章中，您将学习如何确定一种疾病或"情况"的传播模式，如何预防疾病的发生和传播来帮助您的病患。在书的最后，附有本书涉及的所有公式和术语。

本书期望通过不同动物，尤其是伴侣动物的实例，为您在日常实践中应用流行病学提供简明而直接的信息，书中只列出了必要的公式和计算过程。本书引用的多数参考文献都是公开发表的，可从互联网上免费下载。期望本书能帮助您成为一名更好的临床兽医。

致　谢

真诚地感谢每一位使这本书成功出版的人。首先，感谢我有幸指导过的兽医专业的学生，他们教会了我很多东西。其次，我要特别感谢尊敬的导师V. 迈克尔·莱恩博士，他不仅帮助我成长为一名流行病学家，在我心中为本书播下了种子，还在本书的编写中，提出了很好的意见和建议。最后，我要感谢我的家人，他们让我能追逐自己的梦想。谢谢你们！

目　　录

第一章　健康和疾病的描述

疾病并不是随机发生的，如果是，我们就不会从事这项工作。每种疾病的发生都有其规律，我们要做的就是去发现它。

要发现疾病的规律，我们需回答：

- 发生了什么？
- 感染了哪些动物？
- 疾病集中分布在哪里？
- 疾病是什么时间发生的？

回答上述问题（流行病学的本质是描述疾病的分布）能让我们知道某种疾病终极问题（为什么会发病？）的答案，从而预防疾病的发生。

病例定义

阐述流行病学中的定义要结合"定义"这个词两方面的含义：①精确地陈述或描述事物的性质、范围或意义；②对象轮廓的清晰程度。我们描述得越精细，事物就越清晰。在定义词汇时，很重要的一点是避免使用与定义词汇有相同词根的另一词汇。在定义一个病例时，如果遵循这一规则，则会更加完整和准确。

> **示例**
>
> 如定义腹泻病例时，只简单地说是一只腹泻的犬，很难清晰地描述病例。然而，如果我们把腹泻病例定义为患犬的粪便不成形，捡起时会在地面留痕，那么任何人都可将病患归类为腹泻或非腹泻。

发生了什么？

在调查谁患病或哪里有病患之前，需要明确有什么样表现的个体才是病患；换言之，我们需要一个病例定义。乍看起来，似乎很笨，但这是任何研究或调查中最重要的一步。但随着调查的深入，病例定义有时会显得不那么清晰。

示例

如想了解犬舍中犬细小病毒的感染情况，您如何定义犬细小病毒感染？大多数人会说幼犬腹泻，如此定义会带来以下问题：

- 幼犬腹泻的病因有很多，所以您可能高估了幼犬细小病毒的感染情况。

- 细小病毒感染有时无临床表现，所以您可能低估了感染情况。

- 细小病毒感染有时无腹泻症状，而表现为嗜睡、厌食、发热、呕吐和严重的体重下降等。只观察腹泻的幼犬，可能会低估感染情况。

- 多大的犬才是幼犬？换句话说，幼犬的"定义"是什么？

为了准确评估犬群细小病毒的感染情况，我们必须更全面地定义犬细小病毒感染。如定义为"9月龄以下犬，粪便样品 ELISA 检测为细小病毒阳性"。这一定义将减少因其他原因导致腹泻的犬的数量（ELISA 检测呈阳性），也将减少因没有腹泻症状而被排除在外的犬的数量。

在比较某一疾病的研究结果时，病例定义至关重要。如果两项研究的病例定义不同，则不能直接进行比较。

示例

一项关于犬髋关节发育不良的研究（Paster et al.，2005）表明，如将尾侧曲线骨赘（CCO）纳入犬髋关节发育不良的病例定义，会改变很大一部分犬的诊断结果，通常评分较高，但有时评分较低（图 1.1）。

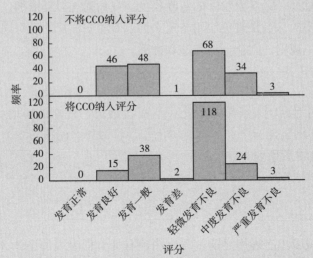

图 1.1 使用两种病例定义（Paster et al.，2005）对髋关节发育不良患犬主观评分的频率分布

来源：E. LaFond E.，Biery D. N.，Iriye A.，Gregor T. P.，Shofer F. S. and Smith G. K. （2005）. Estimates of prevalence of hip dysplasia in golden retrievers and Rottweilers and the influence of bias on published prevalence figures. Journal of the American Veterinary Medical Association，226（3）：387-392. CAVMA.

另一个例子是一兽医院葡萄球菌感染诊断的研究（Geraghty et al.，2013）。研究采用培养菌的外观表型和基因型分析两种方法来确定从动物中分离出的葡萄球菌种类。如图1.2所示，两种方法的结果存在较大差异。

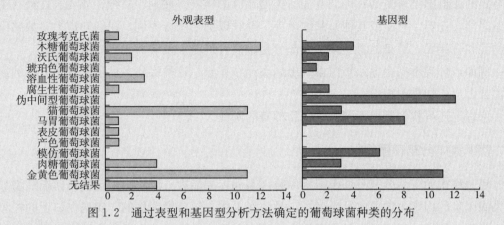

图1.2　通过表型和基因型分析方法确定的葡萄球菌种类的分布

来源：Geraghty L.，Booth M.，Rowan N. and Fogarty A. (2013). Investigations on the efficacy of routinely used phenotypic methods compared to genotypic approaches for the identification of staphylococcal species isolated from companion animals in Irish veterinary hospitals. Irish Veterinary Journal，66 (1)：7-15.

可能出现系列结果时，病例定义也至关重要。在没有可测量的直接指标的情况下，常采用评分方式对结果进行分级。

示例

在一项娱乐用马胃溃疡的研究（Niedzwiedz et al.，2013）中，作者定义了一套评分系统来描述病变的严重程度（表1.1）。值得注意的是，有了这样的定义，就可以进行重复性研究，并比较不同研究的结果。此定义的问题是未确定一个阈值来区分大小病变，无法区分什么病变是小，什么是大。因此，在定义病例或评分时最好使用客观特征。

表1.1　娱乐用马胃损伤研究的病变严重程序评分系统

病变严重程度评分	说　　明
0	无病变
I	浅表性病变（黏膜脱落）
II	小的单点溃疡或多灶性溃疡
III	大的单点溃疡或多灶性溃疡，或广泛的糜烂和脱落
IV	出血或粘连血块

来源：Niedzwiedz A.，Kubiak K.，Nicpon J. (2013). Endoscopic findings of the stomach in pleasure horses in Poland. Acta Veterinaria Scandinavica，55：45-55.

感染了哪些动物?

请记住,我们的目标是寻找疾病发生的规律,所以问题是,整个群体都感染了还是某些特定的亚群感染率更高?可调查任何类型亚群的年龄、性别、品种、环境、性格(主要用于陪伴、比赛、狩猎或其他)和饮食等。继续以细小病毒为例,我们知道大多数感染犬是幼犬和青年犬。感染的青年犬中大部分是雄性,理论上说雄性比雌性更易感。

例如,环境不同会导致猫白血病患病率存在差异,这种疾病多见于养有多只猫的家庭和能自由出入的猫中。

您肯定还可找到其他不同饮食、品种等的例证。

疾病集中分布在哪里?

定义疾病的空间分布有助于识别风险因素和传播能力。风险因素是指任何能够增加动物染病风险的因素。如哪些马染病了,是牧场上的,还是栏舍里的?疾病在邻近的栏舍传播还是随机传播?附近的农场是否也发生感染?染病动物是否生活在市区(雾霾)或湿地等特定的地区?

疾病是什么时间发生的?

疾病的发生有时间规律吗?与夏季、春季、秋季相比,有多少动物是在冬季染病的?某一事件(如消毒、免疫等)前后,患病数是否存在差异?疾病是否具有周期性,与蚊虫季节或寒冷天气同期出现?

流行病学曲线——病例的时间分布曲线。在暴发中确诊的第一个病例称为指示病例。每天的病例数将决定疾病的流行曲线类型(图1.3)。"点源"曲线显示发病之初的感染动物数较多,随着时间推移逐渐消失。这是许多动物同时暴露的典型情况,如食源性疾病暴

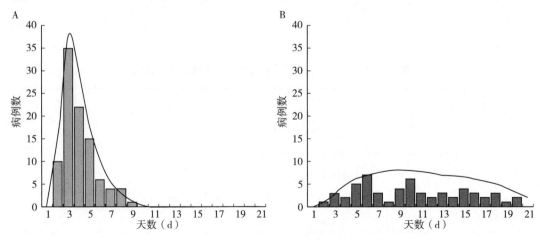

图1.3 流行病学曲线

A. 点源曲线 B. 连续传播曲线

发。"连续传播"曲线显示病例数增加缓慢，下降也缓慢，这是典型的传染性疾病流行曲线，动物暴露的时间点不同（一只动物被感染后传染其他几只动物，进而传染给其他动物）。

了解疾病的发病动物种类、发生情况、在哪里发生和什么时间发生，将有助于明确疾病为什么会发生，以及如何防控。

测量的类型

以下是流行病学中最常见的事件测量方法，之后我们还将讨论几个具体的疾病测量方法。

计数

个体计数用来确定种群的大小。然而，在评估一种疾病的重要性时，仅仅报告患病动物的数量并不能提供太多有用的信息。

> **示例**
>
> 如果有人说他们养的两只犬生病了，这是多还是少？显然，这取决于他们一共养了多少只犬。如果他们只养了两只犬，这意味着他们所有的犬都生病了，但如果是一个有 50 只犬的犬舍，50 只犬中有 2 只生病并不算多。

每件事都需在特定的背景下研究。在流行病学研究中，背景是整个群体。有些人现在可能会想，如果我们面对的是一种可怕的疾病，它传播迅速并能致动物死亡，那么即使 50 只动物中有 2 只发病也太多了。我同意这种观点，但这种情况和仅有 2 只动物全发病的情况相比并不算多。我们现在只是简单关注数字，第五章中将描述这些数字的含义和意义。重点是，如果要确定患病动物数量有多大，就必须考虑群体的大小。

比例

比例是衡量患病动物数量量级最为常用的方法。它将患病动物的数量与所在群的动物总数进行了对比。

比例的计算公式如下：

$$\frac{A}{A+B} \qquad\qquad (式1.1)$$

A 是患病动物数，B 是健康动物数，$A+B$ 是群体动物数。

请注意，分子总是包含在分母内的。因此，比例比较的是亚群与研究群。通常以百分数表示。

示例

喂养的 2 只犬全部生病：

$$\frac{患病数}{患病数+健康数}=\frac{2}{2+0}=1=100\%$$

犬舍中 50 只犬有 2 只生病，意味着 4% 的犬生病：

$$\frac{患病数}{患病数+健康数}=\frac{2}{2+48}=0.04=4\%$$

分母包含的内容并不总是那么清晰，简单地报告一个百分比，可能导致该比例如何计算存在疑惑。因此，在计算和报告比例时，最重要的是说明分母的构成。

示例

在一项拳师犬难产危险因素的研究（Linde Forsberg and Persson，2007）中，作者用一张图（图 1.4）来显示两种比例，比例的分子相同分母不同。浅色表示不同年龄组雌性幼犬（分子）在所有幼犬中的占比（分母为 253），而深色表示不同年龄组雌性幼犬（分子）在难产幼犬中占比（分母为 70）。这一点仅从图很难理解，需结合文本。

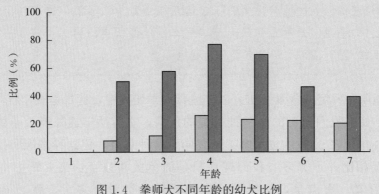

图 1.4 拳师犬不同年龄的幼犬比例

来源：Linde Forsberg C. and Persson G. （2007）. A survey of dystocia in the boxer breed. Acta Veterinaria Scandinavica，49：8.

相反，在一项疫苗诱发猫肉瘤发病率的研究（Dean et al.，2013）中，作者就明确指出，他们分别使用了三个不同的分母来计算肿瘤的发病率。引自 Dean R. S.，Pfeiffer D. U. and Adams V. J. （2013）. The incidence of feline injection site sarcomas in the United Kingdom. BMC Veterinary Research，9：17-19.

分母 1.2007 年底，在选定诊所登记的猫总数。

分母 2.2007 年，在选定诊所进行咨询（如首次咨询、多次咨询等）或诊疗的猫总数。

分母 3.2007 年，在选定诊所进行免疫（如加强免疫、首次免疫等）的猫总数。

比

比表示两个互不相容群之间的关系，即分母中不包含分子。换言之，一个动物不能同时属于两个被比较的群体。这就像比较苹果和橘子。

比的计算公式如下：

$$\frac{A}{B} \qquad\qquad （式 1.2）$$

A 是一组动物的数量，B 是另一组动物的数量。

文献中最为常见的是男性女性比。显然，动物也有性别之分，也可如此表示。通常数字表述为 $A：B$，文本表述为 A/B 或 $\frac{A}{B}$，口头上表述为 A 和 B 之比。A 和 B 两组谁在前面无关紧要，但通常会将数值较小的放在后面。

> **示例**
>
> 兽医临床的犬猫病例比通常是 5：1，这意味着在诊所每看见一只猫，同期就会看到五只犬。很明显，一只动物不可能既是猫又是犬，所以这是一个比。
>
> 另一个例子是研究表明成年马与幼马比值越高，幼马的攻击性越低。这意味着每匹幼马对应的成年马越多，它们相处得就越好。马不是年幼的就是成年的，不可能既年幼又成年。

然而，当动物分类的标准不是性别或品种等固定特征，而是会随着时间的推移改变时，分类的标准则不容易确定。以马为例，假如我们定义小于 3 岁的马为幼马，那么 2 岁 11 个月（35 月龄）的马是幼马，3 岁 1 个月（37 月龄）的马则是成年马。这两匹马的行为真的会有很大不同吗？在研究马的攻击性时应该包括它们吗？我们是否应该在该研究中使用不同的时间节点？这是在处理比值时的一些常见问题。请注意，在这种情况下年龄定义的重要性。

比率

比率表示事物发展的速度。比率是指在某一特定时间内，亚群动物与动物群之间的比率，是一个包含个体动物暴露时间的比例。

比率的计算公式如下：

$$特定时间内的 \frac{A}{(A+B)} \qquad\qquad （式 1.3）$$

比率最重要的特征，是将动物个体的暴露时间计算在内，这也是比率和比例之间的差别。

> **示例**
>
> 假设在一个寄养舍内有 6 只猫，其中 2 只猫寄养 7d，3 只猫寄养 5d，1 只猫寄养 2d。如果发生感染，因寄养时间不同，每只猫的风险也不同。

如果其中一只猫感染了呼吸道疾病，我们可以说 6 只猫中的 1 只，或 16.7％的猫在寄养期间感染了呼吸道疾病。然而，这一说法没有提及每只猫暴露的时间不同，给出的信息并不充分。

为了说明每只猫暴露时间的不同，我们采用"猫-天"的计算方法：

2 只猫寄养 7d：2 猫×7d＝14（猫-天）

3 只猫寄养 5d：3 猫×5d＝15（猫-天）

1 只猫寄养 2d：1 猫×2d＝2（猫-天）

总计＝31（猫-天）

因此，寄养舍内呼吸道疾病的比率为：

$$\frac{1（病猫）}{31（猫-天）}$$

当研究群的动物数量在动态变化时，比率非常适用。现在，您可能在想，您工作涉及的地方，如诊所、犬舍、寄养舍和赛马场等，动物都处于动态中的。您这么想是对的，这就是流行病学对临床兽医如此重要的原因，也是了解这一测量方法是如此重要的原因。当两个动物接触到潜在疾病风险因素的时间不同时，我们需要考虑暴露时间的差异。

疾病特定的测量方法

流行病学中常用一些特定的疾病测量方法，来定量描述某种疾病在特定群体中的重要性。常用的方法有：流行率和发病率。

流行率

流行率是一种比例，用以描述给定的时间内，有特定情况的动物的数量。分子是在研究时段内有特定情况的动物数量，分母是在相同时段内的风险动物总数。

流行率的计算公式如下：

$$\frac{病例动物数}{风险动物总数} \qquad （式1.4）$$

流行率是比例，通常以百分数表示。

示例

假设去年您共接诊了 700 只犬，其中 120 只是需免疫的幼犬。从标记牌看，尽管它们都在 16 周龄前的 3～4 周接种过 3 倍剂量的犬瘟热疫苗，但还有 3 只幼犬出现了犬瘟热的症状。去年该诊所幼犬犬瘟热的流行率为 3/120＝2.5％。

分母中包含了所有风险动物，当然也包括分子中的发病动物。在上述例子中，分母是所有幼犬，而不是所有来诊疗的犬。另一个例子是，在计算睾丸癌的流行率时，分母中只包括健康的雄性动物。而在计算流产的流行率时，分母只包括怀孕的雌性动物（只有怀孕的雌性动物才会流产）。这并不复杂，但需要注意。

示例 A

图 1.5 中所示的病例，可以是当地收容所的猫，也可以是赛马场的马，随您喜欢。图中，每一行是一只不同名字的动物，每一列表示 1 周。灰色的横杠代表动物在饲养场所的时间，而每个三角形代表呼吸系统疾病，黑色三角形代表动物首次表现出呼吸症状，而白色三角形代表再次患病。

12 周内，呼吸道疾病的流行率计算如下：

- 分子：所有患呼吸道疾病动物数＝6（新病例）＋2（再发病例）＝8（三角符号计数）
- 分母：观察时段内饲养场所的所有动物数＝15（横杠计数）

$$流行率 = \frac{8}{15} = 0.533 = 53.3\%$$

流行率以百分数表示，因此，12 周内该饲养场所的呼吸道疾病流行率为 53.3%。

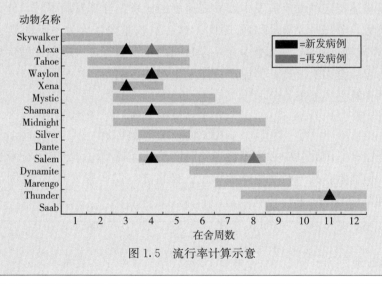

图 1.5　流行率计算示意

示例 B

如果我们只对前 4 周感兴趣，如图 1.6 所示。这 4 周的呼吸道疾病流行率计算如下：

- 分子：所有患呼吸道疾病动物数＝5（新病例）＋1（再发病例）＝6（三角符号计数）
- 分母：观察时段内饲养场所的所有动物数＝11（横杠计数，不能按动物名称计）

$$流行率 = \frac{6}{11} = 0.545 = 54.5\%$$

流行率以百分数表示，因此，前 4 周该饲养场所的呼吸道疾病流行率为 54.5%。

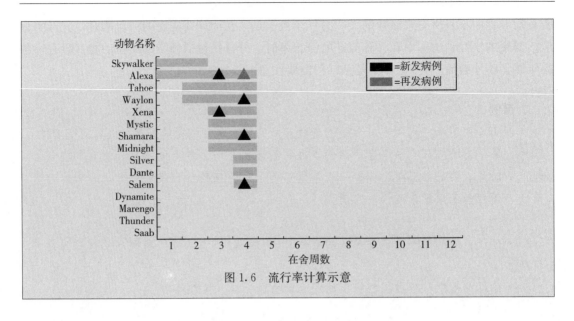

图 1.6　流行率计算示意

发病率

发病率是描述特定种群疾病发生或发展速度的比率。计算发病率时，分子是观察时段内的新发病例数，分母是风险动物数-时间。这一点很重要，因为一旦动物患上某种疾病（如绝育、流产或糖尿病），那么至少在一段时间内，不会有再次患上这种疾病的风险。例如，雌性动物可能会多次流产，但流产只能发生在怀孕期间。

发病率的计算公式如下：

$$发病率 = \frac{新发病例数}{风险动物数\text{-}暴露时间} \qquad （式 1.5）$$

发病率是比率，因此其中必须用适当的时间单位（猫-天、马-周等）来表示。尽管不是强制性的，但通常在报告时使用整数单位。换言之，发病率为 0.25 病例/牛-天的表述通常为 25 病例/100（牛-天）。

示例 C

让我们回到图 1.5 所示的例子中。12 周内呼吸道疾病的发病率为：

- 分子：新发病例数＝6（黑三角计数）
- 分母：第一例病例出现前的总周数（深灰色单元计数，含病例出现的周）。一旦动物患上了呼吸道疾病，通过改变周的颜色可以很容易地看出这一点，如图 1.7 所示。我们只计算深灰色单元的数量。

总计有 48 猫-周或马-周，因此呼吸道疾病的发病率为：

$$发病率 = \frac{6}{48} = 0.125$$

表述为 0.125 病例/猫-周（或马-周）或 125 病例/1 000 猫-周（或马-周）。

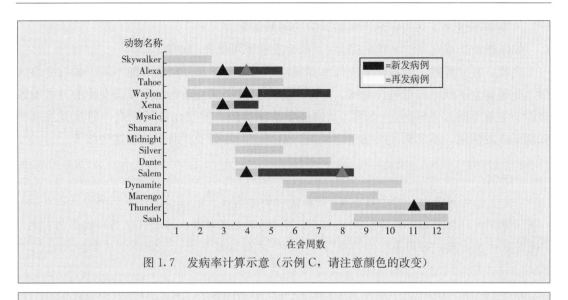

图 1.7　发病率计算示意（示例 C，请注意颜色的改变）

示例 D

如果我们只看前 4 周，发病率计算公式将改变如下：

- 分子：新发病例数＝5（黑色三角计数）
- 分母：第一例病例出现前的周数（灰色单元计数，含病例出现的周）＝21

$$发病率＝\frac{5}{21}＝0.238$$

表述为 0.238 病例/猫-周（或马-周）或 238 病例/1 000 猫-周（或马-周），详见图 1.8。

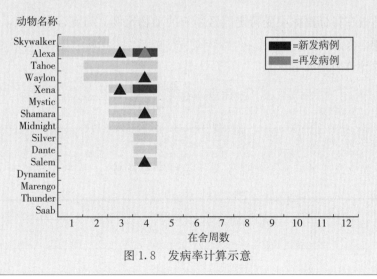

图 1.8　发病率计算示意

流行率和发病率的比较

流行率和发病率的主要不同点如下：

- 流行率计算群中所有的病例数，而发病率只计算新发病例数。

• 发病率包含了动物暴露于疾病风险的时间差异。

如果把流行率比作"事件的照片",那么发病率可比作"电影"。

因此,在计算特定动物群的流行率和发病率时,分子和分母都可能不同。如有复发病例,分子就会不同。分母包含时间,如群中存在复发病例且动物数是动态变化的(处于风险的动物数不同),分母也会不同。动物感染某种疾病,即存在复发可能,但是复发病例有别于新发病例,不能纳入发病率计算中。希望上面的例子有助于理解这些细节。

> **示例**
>
> 在上面的例子中,比较整个12周和最初的4周,我们可以发现,尽管流行率并没有改变多少,但最初4周的发病率几乎是整个12周的两倍。这表明,早期疾病的发展速度更快。比起一张静态的"照片","电影"总能让您更好地了解事情的发生过程。

计算流行率和发病率时的分子不同,因此,恰当的定义"新"病例至关重要。

> **示例**
>
> 如果我们想用图展示跛行病例,若将同一只动物的多条跛行腿视为不同病例,则可以将再发病例的图例换成新发病例的黑色三角。
>
> 以下是几种在兽医相关文献中不常见的疾病测量方法,供读者参考。

患病率

患病率是指在目标群体中受特定因素影响的动物比例。与流行率类似,用以衡量群体中的疾病数量。

患病率的计算公式如下:

$$患病率 = \frac{病例数}{群体动物数} \qquad (式1.6)$$

> **示例**
>
> 假设兽医检视的犬群有1 000只犬(各种年龄都有),其中6只犬有胃扩张/肠扭结(GDV)。
>
> $$GDV的患病率为\frac{6}{1000} = 0.6\%$$

死亡率

死亡率是指在特定时段内某一种群中死亡动物数量。死亡率是一个比率,在分母需包含时间段,也被称为粗死亡率,以区别于特因死亡率(disease-specific mortality)。

死亡率的计算公式如下：

$$死亡率 = \frac{死亡动物数}{处于风险动物 \text{-} 时}$$ （式1.7）

> **示例**
>
> 假设上例中兽医检视的犬群中（1 000只犬），每月有10只犬死亡。为方便计算，我们假定计算时段为1个月。
>
> 粗死亡率为10/1000 犬-月＝0.01 死亡/犬-月

特因死亡率

特因死亡率是指在特定时期内某群体中死于某一疾病的动物数量。特因死亡率也是一个比率，表示群体中因特定疾病死亡的动物数量。使用时应注意与病死率相区别。

特因死亡率的计算公式如下：

$$特因死亡率 = \frac{死于特定疾病的动物数}{处于风险动物 \text{-} 时}$$ （式1.8）

> **示例**
>
> 假设上例的6个GDV病犬中，有2只治疗无效死亡。
>
> GDV的特因病死率为$\frac{2}{1000}$犬-月＝0.002GDV病死/犬-月

病死率

病死率是指发病动物（分母）中因病死亡动物（分子）的比例，用以表示疾病的严重程度。

病死率的计算公式如下：

$$病死率 = \frac{死于疾病的动物数}{病例数}$$ （式1.9）

> **示例**
>
> 上例中的GDV病死率为$\frac{2}{6}$＝33%

上述4种疾病测量方法的区别如下：

（1）GDV患病率：6%犬患有GDV。

（2）粗死亡率：每100犬-月，有1只犬死亡（为方便比较，也可表述为每1 000犬-月，有10只犬死亡）。

（3）GDV 特因死亡率：每 1 000 犬-月，有 2 只犬死于 GDV。

（4）GDV 病死率：33％的 GDV 病犬死亡。

这 4 种测量方法可用文氏图表示，见图 1.9。

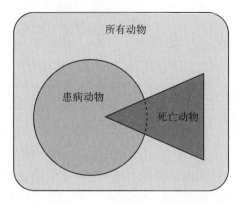

图 1.9　表示疾病测量值的文氏图

（1）患病率：圆形除以矩形。

（2）死亡率：三角形除以矩形。

（3）特因死亡率：三角形和圆形交集处除以矩形。

（4）病死率：三角形和圆形交集处除以圆形。

第二章　流行病学基本概念

本章中，我们将对本书提及的常见术语进行定义。需要说明的是，某些日常交流常用词在流行病学中具有特定的意义，与熟知的含义不同。

> **示例**
>
> 当谈及流行病学中的一个致病因素时，意味着它已经满足一组特定的标准（见第五章），否则，我们讨论的仅是"相关"因素。

结局

在临床评估中，结局通常是指某些临床症状、一种特定的疾病或非病理性状态（如怀孕）的存在与否，是我们要调查的最终结论，也就是结果或主要问题。在同一研究中，可以有多个结局。

> **示例**
>
> 在一项关于金珠植入（gold bead implantation）治疗犬髋关节发育不良对疼痛影响的研究（Jaeger et al.，2005）中，结果是疼痛症状的改善（表2.1）。研究的问题是"植入金珠是否能改善犬髋关节发育不良的疼痛症状"，结果至少有三种：改善、不变和恶化。研究者报告了更多结果，每一项都增加了"轻度"和"重度"类别。如果这项研究只是简单地报告"改善"和"没有改善"，那么就会将没有变化的犬和恶化的犬归为同一类，结果可能被误解为简单地没有变化。

表2.1　髋关节发育不良犬在金珠植入治疗后疼痛症状的变化

主人对治疗的猜测	犬髋关节发育不良的疼痛症状						
	完全康复	明显改善	轻微改善	没有改善	轻微恶化	严重恶化	犬的总数
安慰剂	0	0	1	6	2	2	11
金珠	11	28	10	3	0	0	52
不清楚	0	0	2	10	1	2	15

来源：Jaeger G. T.，Larsen S. and Moe L.（2005）. Stratification, blinding and placebo effect in a randomized, double blind placebo-controlled clinical trial of gold bead implantation in dogs with hip dysplasia. Acta Veterinaria Scandinavica, 46（1-2）：57-68.

在一项关于特殊饮食（锌、铜和锰的螯合物）对母犬生殖性能影响的研究中（Kuhlman and Rompala，1998），研究者测量了补充和没有补充上述螯合物的母犬在妊娠和哺乳期间的体重变化差异，以及它们所生的幼犬数量差异（表 2.2）。实验的问题是"螯合物的特定组合会导致母犬在一定时期内的体重和产仔数量变化吗？"因此，结局是多样的。

表 2.2　母犬不同时期的体重变化和产仔数量

饮食	妊娠期（kg）	哺乳期（kg）	平均产仔数
对照平均值（SEM；$n = 17$）	3.17 (0.78)	−0.56 (0.30)	6.2[a] (0.4)
螯合物平均值（SEM；$n = 17$）	3.81 (0.67)	−0.95 (0.42)	7.3[b] (0.4)

注：a、b 为不同大小字母，表示 $P = 0.05$ 时差异显著。
来源：Kuhlman G. and Rompala R. E.（1998）. The influence of dietary sources of zinc, copper and manganese on canine reproductive performance and hair mineral content. The Journal of Nutrition，128：2603S-2605S. ⓒ American Society for Nutrition.

风险因素

在流行病学中，风险被定义为事件发生的概率。因此，风险因素是任何可改变事件发生（我们要调查的结果）概率的因素。该术语可能会引起负面印象，暗示该因素的存在会增加负面结果的风险。但实际上，结果也可能是正面的，与风险因素的**关联性**增加，意味着正相关或**保护性风险因素**。

> **示例**
> 在上述矿物质对母犬繁殖性能影响的研究中，与无机矿物质相比，螯合矿物质被认为是产仔量大的风险因素。
> 比较仅具有一种特征差别的两组动物的发病风险，将有助于识别该特征是否构成发病风险。该特征称为一个风险因素，即任何可能改变风险群体的发病"数量"或"速度"的特征（内部或外部）。

> **示例**
> 雌性是犬乳腺肿瘤的主要风险因素，但这并不意味着雄性犬不会患上这种癌症，只是雌性犬患乳腺肿瘤的概率要高得多。这似乎是显而易见的，但能说雄性患前列腺癌的风险比雌性高吗？答案是否定的，因为雌性没有前列腺，因此没有患前列腺癌的风险。只有那些有患病风险的亚群才可进行比较。
> 为辨别一种疾病的潜在风险因素，需要对不同的动物群体进行比较，这些动物只在风险因素的特征上存在差异。然而，在现实生活中并非总是可能实现的，因此，要尽可能地匹配这些组群，减少由其他特征引起的差异。

> **示例**
>
> 如果对性别是否为特定疾病的风险因素进行研究，需比较雄性和雌性的发病率，确定性别是否为该疾病的风险因素。雄性和雌性动物的所有其他特征应尽可能相似（如年龄、品种和环境等）。

分析单元

多数研究中，分析或关注的单元是动物个体，但在有些情况下，分析单元可以是群体（较高优先级），如猫舍、犬舍或谷仓，也可以是动物的某部分（低优先级），如每只眼睛、每个耳朵或每条腿。

> **示例**
>
> 在一项通过社区合作提高美国动物收容所放生效果的研究中（Weiss et al., 2013），由于收容所的特性（如志愿者更多、离城镇更近和资金更多等），该收容所的所有动物（犬和猫）都有这些特征。因此，分析的单元是收容所（图 2.1），而不是动物个体。
>
>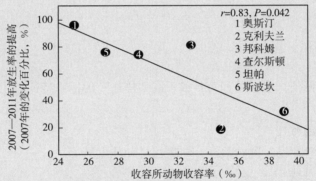
>
> 图 2.1 收养动物数量对提高美国动物收容所放生率的影响
>
> 注：动物收容率是指收容所收容的动物数量除以 1 000。
>
> 来源：Weiss E., Patronek G., Slater M., Garrison L. and Medicus K. (2013). Community partnering as a tool for improving live release rate in animal shelters in the United States. Journal of Applied Animal Welfare Science, 16 (3)：221-238.
>
> 另一个例子是 3 个欧洲国家马场寄生虫的流行病学研究（Samson-Himmelstjerna et al., 2009）。因为同一个马场中，马所处的环境和管理相同，因此分析单元为一个马场中的所有马，而不是单匹马。在本研究中，研究人员确定同一马场（骑马场、种马场或赛马场）的特征相似后，可以马场作为分析单元，如图 2.2 所示。
>
> 3 个相关国家（1 德国，2 意大利，3 英国），不同马场（FT：1 骑马场，2 种马场，3 赛马场）圆形线虫感染风险在 95% Wald 置信度时的优势比（Odds ratio，OR）值。

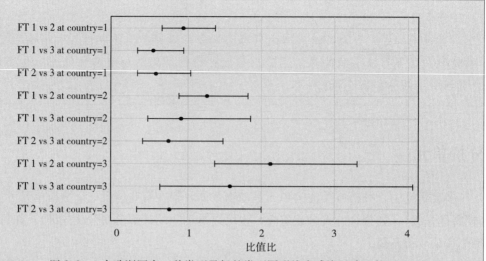

图 2.2　3 个欧洲国家三种类型马场的类型圆形线虫感染风险比较

来源：Samson-Himmelstjerna G. ，Traversa D. ，Demeler J. ，Rohn K. ，Milillo P. ，Schurmann S. ，Lia R. ，Perrucci S. ，di Regalbono A. F. ，Beraldo P. ，Barnes H. ，Cobb R. and Boeckh A. （2009）. Effects of worm control practices examined by a combined faecal egg count and questionnaire survey on horse farms in Germany, Italy and the UK. Parasites & Vectors, 2 （Suppl. 2）：S3.

变量

变量是指有不同值（包括是和否）或不同"描述"的标识特征。

变量示例

- 性别：雄性或雌性。
- 品种：阿帕鲁萨马、阿拉伯马、花斑白马和纯血马等。
- 年龄：周、月或年。
- 生殖状态：正常或阉割/绝育。
- 毛发：长毛与短毛、颜色、刚毛与软毛等。

在日常兽医工作中收集的患病动物各种测量数据，都是用来提供信息并辅助决策的变量，但这些数据不代表它们都是结果变量。在日常临床实践中，典型的测量变量示例如下：

- 体检。
  - 体温。
  - 脉搏。
  - 呼吸。
- 实验室诊断。
  - 血液检查（全血细胞计数和血液生化检查）。

　　○ 尿液分析。

　　○ 细菌培养。

　　○ 妊娠诊断。

　• 群体测量。

　　○ 暴露动物数量。

　　○ 感染动物数量。

　　在体检或实验室诊断中，所有的测量值可能被看作是结果，但实际上，根据所提的问题，这些变量可能是结果，也可能是结果的风险因素。

示例

　　我们可以比较沙门氏菌阳性马和阴性马的平均体温。在这种情况下，体温是结果变量，而细菌培养结果是暴露或风险因素。

　　相反，如果我们询问有多少发热的马沙门氏菌培养呈阳性，那么阳性比例是结果变量，而体温是潜在的风险因素，可以在分析时进行评估。

示例 1　针灸对犬伤口愈合影响的研究摘要

　　背景：本研究的目的是研究针灸对犬软组织或骨科手术后伤口愈合的影响。

　　方法：对 29 只犬进行软组织和/或骨科手术。5 只犬各有 2 处手术伤口，因此本研究共有 34 处伤口。所有的主人都接受了关于术后护理以及抗生素和疼痛治疗的指导。这些犬被随机分配到治疗组或对照组。治疗组的犬手术后立即接受针灸治疗，而对照组未接受这种治疗。对治疗不知情的兽医在手术后 3d 和 7d 对伤口进行评估，包括水肿（0～3 级）、结痂（是/否）、渗出（是/否）、血肿（是/否）、皮炎（是/否）和伤口侧面（干燥/潮湿）。

　　结果：治疗组与对照组术后 3d 和 7d 的各项评估的变量没有显著性差异。但是，与术后 3d 相比，针灸治疗组在术后 7d 水肿明显减轻，可能是因为治疗组在术后 3d 水肿更严重（尽管两组之间差异不显著）。

　　结论：在犬手术后立即单独使用针灸疗法对手术伤口愈合没有任何有益的影响。

　　结果变量包括伤口愈合情况（干燥/潮湿）、水肿评分、结痂、渗出物、血肿或皮炎。因此，研究的问题是"手术后单独使用针灸（暴露或风险因素）是否会加速犬的伤口愈合？"

　　来源：Saarto E. E. , Hielm-Bjorkman A. K. , Hette K. , Kuusela E. K. , Brandao C. V. and Luna S. P. (2010). Effect of a single acupuncture treatment on surgical wound healing in dogs：a randomized, single blinded, controlled pilot study. Acta Veterinaria Scandinavica，52：57.

示例2　患化脓性关节炎马驹存活率研究的摘要

本文目的是确定对患化脓性关节炎马驹的短期存活率有正面或负面影响的因素。本文回顾了1994—2003年期间81匹马驹（≤7个月）的医疗记录，这些记录来自康奈尔大学动物医院的马医院。本文对存活马和死亡马的症状、发病年龄、感染关节数、关节液参数、致病菌、治疗方式和治疗年限进行了比较。在81匹马驹中，有62匹（77%）出院，被列为"幸存者"。多发性关节感染、关节内革兰阴性、混合细菌感染和退化的中性粒细胞与短期生存呈负相关。临床症状出现24h内开始治疗和治疗方式的组合与生存率呈正相关。这两个因素是否对运动表现具有相似的影响还需要进一步研究。

结果变量是患化脓性关节炎马驹的短期生存率。暴露变量则各不相同，其中多发性关节感染、关节内革兰氏阴性、混合细菌感染和变性中性粒细胞被确定为负风险因素，而早期治疗和治疗模式组合的生存率高（保护性）。

来源：Vos N. J. and Ducharme N. G. (2008). Analysis of factors influencing prognosis in foals with septic arthritis. Irish Veterinary Journal，61（2）：102-106.

示例3　关于兔姬螯螨感染治疗方案研究的摘要

背景：采用回顾性研究方法，评估赛拉菌素和伊维菌素治疗兔姬螯螨的临床疗效和安全性。

方法：收集两家小动物诊所53只经显微镜证实为姬螯螨感染家兔的病历资料。根据治疗方案将兔子分成三组。第一组11只家兔皮下注射伊维菌素$200 \sim 476 \mu g/kg$，平均间隔11d注射2～3次。第2组27只家兔接受伊维菌素皮下注射（$618 \sim 2\ 185\ \mu g/kg$）和口服伊维菌素（$616 \sim 2\ 732\ \mu g/kg$），平均间隔10d注射3～6次。最后一组（第3组）15只家兔，用赛拉菌素点涂$6.2 \sim 20.0\ mg/kg$，间隔2～4周涂1～3次。随访时间为4个月至4.5年。

结果：1、2和3组缓解率分别为9/11（81.8%）、14/27（51.9%）和12/15（80.8%）。

结论：所有的治疗方案都是足够有效和安全的。虽然第2组使用的剂量很高（伊维菌素注射后接着使用口服给药），但与伊维菌素注射（第1组）和赛拉菌素点涂（第3组）相比，尽管没有统计学意义，但该方案似乎疗效较差。进一步评价治疗方案的有效性，需要进行更大群体的前瞻性研究。

结果变量是兔姬螯螨感染的缓解情况。暴露变量是使用赛拉菌素或两种使用伊维菌素的不同治疗方案。该论文详细阐述的研究问题是"赛拉菌素和伊维菌素治疗兔姬螯螨的有效性和安全性如何？"考虑作者比较了三种不同的治疗方案，有效的研究问题变成了"三种治疗方案中的哪一种能更好地解决兔的姬螯螨感染？"或是"三种治疗方案在解决兔子感染姬螯螨方面是否相似？"。

来源：Mellgren M. and Bergvall K.（2008）. Treatment of rabbit cheyletiellosis with selamectin or ivermectin: a retrospective case study. Acta Veterinaria Scandinavica，50：1-50.

变量的类型

根据相互之间的关系，变量主要分为两种类型：

- 因变量是研究的结果，取决于风险因素。
- 自变量是风险因素，也称为输入变量。

在统计学中，变量分为以下两种类型：

- 连续变量是指数值间有具体（可测量）间隔的变量，相邻数值的间隔始终是相同的，通常用某种工具测量或计数，也称为参数变量。

例如，在测量温度时，98℉ * 和99℉之间的差值为1℉，与104℉和105℉之间的差值完全相同。其他例子包括脉搏、呼吸频率、电解质和激素浓度化学检测或全血细胞中性粒细胞计数等。

- 分类变量是指有主观数值的变量，相邻数值的间隔不能客观地衡量，也称为非参数变量。通常使用不同的名称将动物分类的变量为名义变量。按某种顺序分组的变量为序数变量，如"轻微""中等"和"严重"，或者使用数值评分，如从1～5分的身体状况评分（BCS）。"轻微"和"中等"之间的差别是否与"中等"和"严重"之间的差别相同，这是无法确定的，也称为变量判别。使用数值评分的变量可能被认为是连续变量，但通过提问，如疼痛评分1和2之间的差别是否等同于疼痛评分3和4之间的差别，就可以得出这不是连续变量，而是分类变量。

例如，性别（雄性、雌性、绝育）、品种、BCS、疼痛评分，以及任何可以用"是或否""轻度、中度、重度"，或"稍微、适度、过度"等类似词语描述的变量均为分类变量。

任何连续变量都可以转化为分类变量，方法是设置截止值，将其包含到某个类别或另一类别中。但是，分类变量不能转化为连续变量。因此，建议始终收集和记录观测数据，之后再将数据转换成不同的分类变量。

示例

当以岁来度量年龄时，它是一个连续变量（无论是1岁和2岁的差值还是8岁和9岁的差值，都是一年）。年龄可以转换为只有两类的变量：幼年和成年，其中动物幼年为3岁以下，成年为3岁以后。临床上可以在不同的年龄（2岁、3岁、4岁甚至5岁）设置分类点。临床上通常将年龄变量分为三类：幼年、成年和老年，当以这三类记录年龄数据时，动物以岁为单位的实际年龄是无法得知的。

---

* ℉表示华氏度，为非法定计量单位，1℉＝－17.2℃。

以温度作为另一个示例。当用温度计测量时，温度是具体的度数（华氏度或摄氏度），是连续变量（一度就是一度）。然而，发热是分类变量，只能用"是"或"否"表示。当犬的直肠温度高于102.5℉（39℃）代表发热，而马是高于101.5℉（38.5℃）代表发热。当在临床检查中记录是否发热时，发热的实际度数是无法得知的。

连续/参数变量统计分析

通常用均值（mean）和标准差（SD）对连续变量进行比较。均值是组中所有动物变量的平均值。标准差是对组中数据离散程度的度量；标准差越大，值的范围就越大。

示例

比较以下两组猫的平均心率和标准差：

A 组

1 号猫：155 次/min

2 号猫：170 次/min

3 号猫：185 次/min

4 号猫：230 次/min

均值 = 185 次/min，标准差 = 32.4

B 组

5 号猫：180 次/min

6 号猫：185 次/min

7 号猫：185 次/min

8 号猫：190 次/min

均值 = 185 次/min，标准差 = 4.1

虽然两组的平均心率相同，但是 A 组值的范围比 B 组大，即标准差更大。

标准差和均值标准误

这两种测量方法在文献中的报告方式很相似（均值 ± 标准差，均值 ± 标准误），容易混淆，但是每一种测量方法都有其特定的含义：

- 标准差是在一组动物中测量值的实际差异。
- 标准误表示在群体中抽取不同的样本时，均值的测量精度（precision）。

示例

假设马棚里有 10 匹马，计算这些马的平均体温。

标准差是对我们在马棚中观测到的体温变化程度的度量（即数值范围是否大）。均值的标准误（SEM）显示均值测量的精确程度。如果用这个均值来表示世界上所有的马平均体温，SEM 会提供一个范围，我们有某个程度的把握，所有马匹的真实均值会在此区间内。

SD 是对一组动物（动物个体数据）变异性的测量。SEM 表示我们可以有多大把握测量的均值能够反映其他相似动物的均值（平均水平数据）。

连续变量属于统计学范畴，在此不作深入的说明。下面列出了常用的比较动物组间连续变量的方法：

- T 检验用于比较两组之间的均值。
- 方差分析（ANOVA）用于比较三个或三个以上组之间的均值。
- 配对 T 检验用于比较同一组动物两次测量的均值（如干预前后）、成对的动物（如双胞胎）或动物身体上成对的结构（如左眼和右眼）。
- 相关系数用于衡量一个连续变量作为另一个连续变量的函数其随之变化情况（涉及的两个变量都是连续型的）。
- 线性回归分析一个或多个风险因素对连续结果变量的影响时，前提是这种关系是线性的。当方程中包含多个风险因素时，则为多元回归。

分类/非参数变量的统计分析

通常用每个类别中的动物数量和百分比对分类变量进行比较。当使用数值评分时，可以比较中位数，即 50% 的被测动物低于序数值（ordinal value），而其他 50% 高于该值。但要解释这一统计数据并不容易，因此不建议使用数值评分对变量进行分类。研究人员倾向于用参数统计来分析数值变量，但是当一个类别中动物被描述为"消瘦""瘦""正常""重"和"肥胖"，而不是 1、2、3、4 和 5 时，则应比较该类别动物的百分比。

示例

假设一组有 5 只犬，BCS 值分别为 2、2、3、4 和 4，得出中位数为 3。这看起来很简单，因为中位数和均值相等。现在再假设另外一组五只犬的 BCS 值分别为 3、3、3、3 和 5，得出中位数也是 3。然而，这两组的解释是令人困惑的：有一半的犬 BCS 等于或小于 3，一半的犬 BCS 为 3 或更高。第一组这样解释是直观的，但第二组这样解释则令人困惑。

然而，如果说第一组中 20%（1/5）的犬 BCS = 3，第二组中 80%（4/5）的犬 BCS = 3，就容易比较了。

和之前一样，我们不会深入分析分类变量，感兴趣的请查阅统计学书籍。下面列出了比较动物组间分类变量最常用的一些方法：

- Z 检验：比较两组动物的比例。

- 卡方检验：确定两组动物的比例是否与预期不同。
- Fisher 精确检验：当任何一组的动物少于 5 只时，确定两组动物的比例是否与预期不同。
- Mann-Whitney U 检验：比较两组的中位数。
- Wilcoxon signed-rank 检验：比较同一组两次测量的中位数。
- Logistic 回归：评估多个风险因素对分类结果变量的影响。
- 生存分析（Kaplan-Meier plot）：评估暴露和结果之间的时间间隔。结果不一定是"生存分析"名称所暗示的死亡（图 2.3）。实际上，结果甚至可以不是"失败"，而是积极的结果，如出院或康复（图 2.4）。

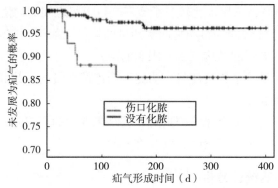

图 2.3　用生存分析将时间与非"死亡"的负面事件进行比较的示例

本例中，事件是发生伤口化脓或没有化脓的马在结肠手术后形成疝气。

来源：French N. P.，Smith J.，Edwards G. B. and Proudman C. J.（2002）. Equine surgical colic：risk factors for postoperative complications. Equine Veterinary Journal，34（5）：444-449. ©Wiley.

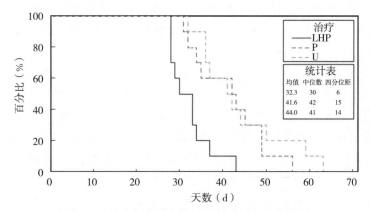

图 2.4　用生存分析比较时间和正面事件的示例

本例中，事件是三种不同治疗方案的伤口愈合情况：LHP©，乳膏（1% 过氧化氢）；P，凡士林；U，未处理。

来源：Toth T.，Brostrom H.，Baverud V.，Emanuelson U.，Bagge E.，Karlsson T. and Bergvall K.（2011）. Evaluation of LHP（R）（1% hydrogen peroxide）cream versus petrolatum and untreated controls in open wounds in healthy horses：a randomized，blinded control study. Acta Veterinaria Scandinavica，53：45-53.

在兽医文献中使用恰当或不恰当的统计分析，一直是兽医期刊上论文的主题之一。与许多统计学和流行病学教科书相比，这些论文倾向于以一种更易于让临床兽医理解的方式来解释问题（图 2.5）。

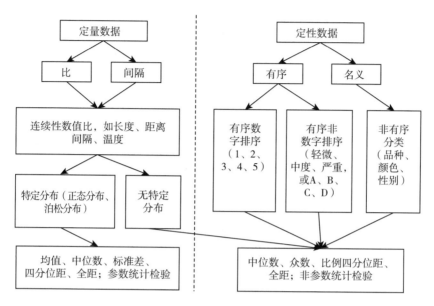

图 2.5 兽医研究中常见变量的统计学比较决策流程

来源：Boden L.（2011). Clinical studies utilising ordinal data: pitfalls in the analysis and interpretation of clinical grading systems. Equine Veterinary Journal，43（4）：383-387. ⓒWiley.

适用于同一动物多个样本的统计分析

有些研究为了评估变化情况，在一段时间内对同一动物进行多次抽样，这样就违反了大多数统计分析要求的基本规则（假设）之一：测量值之间的独立性。这些研究称为重复测量研究，考虑到同一动物的不同测量值并不是彼此独立的，需要进行特定的统计分析。对少数动物多次抽样是一个常见的错误，因为在分析中通常假设每个样本代表不同的动物，但实际上并非如此。因此确定分析单元至关重要：分析单元是动物还是样品？

示例

假设有一项研究，在 6 个月的时间里，每月对 6 头大象进行采样。总共有 6×6＝36 个样本，似乎比 6 个样本好多了。但是，每头大象的六个样本并不等同于取自六头不同大象的一个样本。采集样本是为了评估特定饮食对血清葡萄糖浓度的影响，如果 6 头大象中有 1 头患有肝病（研究人员不知道），因为六个样本都来自同一只患有肝病的大象，就可能使结果产生偏差。

每头大象都有其内在的特征，这 6 个样本才能相互关联。换句话说，取自同一动物的多个样本之间的最大变异性，不可能大于取自两只不同动物的样本之间的最大变异性。

有一种情况可以对同一只动物进行多次测量，并仅适用于独立测量的统计检验进行分析，即对一只动物进行的多次测量结合起来产生单一的测量或结果。通常此方法用于减小测量误差，从而提高数据的可靠性。

示例　犬对泰乐菌素反应性腹泻的研究摘要

在一项关于犬对泰乐菌素反应性腹泻的研究中（Kilpinen et al.，2011），研究人员指导主人每天对犬粪便评分（1～5分，以0.5为增量，从干硬至水状），对7d治疗方案最后3d的平均分数进行分析。请注意，此研究显示了最近讨论的分值分析中最常见的错误之一，将分类数据（评分）作为连续变量进行分析。4.5分和5分之间的差异是否与2.5分和3分之间的差异相同是不能确定的。分析这些数据的两种合适方法是：①用最后3d治疗评分的中位数，尽管由于某些评分的微小差别会出现差异不显著；②计算评分低于某一阈值的时间比例。后一种方法具有一定的灵活性，如包括整个治疗方案，而不仅仅是最后3d。从4.5分（腹泻）开始，经过4.5、4、4、3、2.5和3分的犬，记录为50%（3/6）d的分数低于4。不考虑治疗开始当天的评分（治疗7d，评估6d）。另一种分析方法是每只犬只记录最后一次治疗后第二天的粪便分值。

摘要

背景：大环内酯类抗生素泰乐菌素已被广泛用于治疗犬慢性腹泻，尽管其疗效是基于相关报道和对犬的实验研究，而非有力的科学证据。泰乐菌素反应性腹泻（TRD）是指在几天内对泰乐菌素治疗有反应的腹泻疾病。在TRD中，只要泰乐菌素治疗继续，粪便就保持正常，但在停药后数周内，许多犬会再次出现腹泻。本试验的目的是评估与安慰剂治疗相比，泰乐菌素对疑似患有TRD犬粪便黏稠度的影响，确定泰乐菌素对反复腹泻的犬是否如经验研究和报道的那样有效。

方法：研究对象为71只家养犬，这些犬曾用泰乐菌素治疗过不明原因的反复腹泻。在最初的检查中，在没有腹泻症状的情况下，将犬以2∶1的比例随机分配至泰乐菌素组或安慰剂组。在为期2个月的随访中，主人根据之前分发的指南评估了粪便的黏稠度。当腹泻复发时，口服泰乐菌素（25mg/kg，每天一次，连服7d）或安慰剂治疗。治疗结果以治疗期间最后3d粪便黏稠度评分的平均值来评估。使用Pearson卡方检验和Fisher精确检验泰乐菌素组和安慰剂组在反应比例上的差异。

结果：有61只犬符合筛选标准，随访2个月。在随访期间，有27只犬出现腹泻，并使用泰乐菌素或安慰剂治疗。治疗结束时，泰乐菌素组粪便黏稠度正常犬的比例为85%（17/20），安慰剂组为29%（2/7）（Pearson卡方检验 $P=0.0049$ 和Fisher双侧精确检验 $P=0.0114$）。

结论：泰乐菌素对犬复发性腹泻疗效显著。治疗剂量为每天25 mg/kg。在检查中没有发现TRD特有的变化。

来源：Kilpinen S.，Spillmann T.，Syrja P.，Skrzypczak T.，Louhelainen M. and Westermarck E.（2011）．Effect of tylosin on dogs with suspected tylosin-responsive diarrhea: a placebocontrolled, randomized, double-blinded, prospective clinical trial. Acta Veterinaria Scandinavica, 53：26.

显而易见，评估研究的结果可以有多种方法，但重要的是，只有使用恰当的研究设计和统计检验，结果才有意义。

对照组

假设犬场中的波氏杆菌感染率为10%。这有问题吗？换句话说，这个感染率是高、低还是平均值？这个问题的答案，要比较该犬场的流行率与其他犬场的流行率之后，才能知道。因此，总是需要一个基础比较组，通常称为对照组。

- **阳性对照组**：是指一组动物暴露于对结果产生影响的因素，这种暴露实际上是有效的。
- **阴性对照组**：是指一组动物完全不暴露或暴露于不会对结果产生影响的因素（安慰剂或糖丸）。

示例

在一项奶牛乳腺炎研究中，比较两种治疗方法（A 和 B），其中乳房的四个区域分别属于不同的研究组（图 2.6）：

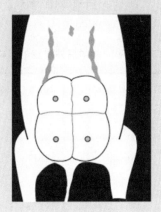

图 2.6　奶牛乳房示意图（腹面观）

- 左前——未接种，未治疗（阴性对照）。
- 右前——接种，未治疗（阳性对照）。
- 右后——接种，治疗 A。
- 左后——接种，治疗 B。

样本量和 P 值

在确定结果、风险因素以及将要比较的研究组数量后，就需要计算出每组需要多少只动物，以确保结果的可靠性。结果的可靠性由统计分析和结果的概率值或 P 值决定。 P 值是研究结果可能由偶然造成的概率。 P 值小表明结果和风险因素有关联是由偶然造成的概率很小，因此很可能是真的有关联。

大样本量的研究比小样本量的研究更可靠。大样本量研究的 P 值通常较小。在研究设计时，计算所需的样本量以确定结果是否可靠，这很重要。在此，不详细介绍如何计算样本量，网上和手机应用程序中都有免费的计算器。但是，计算时要知道研究结果（对照组中的观测值）的基线水平，以及研究组和对照组之间的差异程度（提示：选择具有生物学意义的值）。然后样本量计算器将确定每组所需的动物数量，以证明这种差异是真实存在的，而不是仅由偶然性造成的。样本量一般用 N 或 n 表示。

示例

这是一项马肠绞痛术后并发症的研究（French et al.，2002）。我们关注的是切口疝对术后化脓的影响（突出标记处）。 P 值为 0.9% 意味着，假如我们做 1 000 次相同的研究，如果是随机事件（结果是偶然发生的话），会有 9 次获得同样的结果（OR= 4.32）。也就是说，这个结果是偶然发生的概率非常小，两者（伤口化脓和疝气）间存在关联的可能性大（表 2.3）。

表 2.3　311 匹马肠绞痛术后并发症的风险因素研究

变量	Coef.（β）	SE	OR/HR*	95%CI	P 值
颈静脉血栓					
PCV（每单位）	0.068	0.030	1.07	1.01，1.14	0.022
心率（>60 次/min）	0.916	0.461	2.50	1.10，6.17	0.044
术后肠梗阻					
PCV（每单位）	0.063	0.028	1.07	1.01，1.13	0.021
有蒂脂肪瘤	1.161	0.438	3.19	1.35，7.53	0.010
再次探腹手术					
EFE（是/否）	1.439	0.550	4.23	1.43，12.39	0.016
肠梗阻（是/否）	1.357	0.481	3.88	1.51，9.97	0.008
切口疝-Cox 风险回归模型					
伤口化脓（是/否）	1.464	0.557	4.32	1.45，12.9	0.009
心率（次/min）	0.036	0.012	1.04	1.01，1.06	0.002

(续)

变量	Coef.（β）	SE	OR/HR*	95%CI	P 值
术后腹绞痛-Cox 风险回归模型					
LCT >360（是/否）	1.14	0.302	3.13	1.73，5.65	<0.001
再次探腹手术（是/否）	1.22	0.304	3.39	1.87，6.15	<0.001

注：* 风险比（HR）用于 Cox 风险回归模型中的变量。EFE，网膜孔嵌顿；LCT，大的结肠扭转；PCV，红细胞比容。

来源：French N. P.，Smith J.，Edwards G. B. and Proudman C. J. （2002）. Equinesurgical colic：risk factors for postoperative complications. Equine Veterinary Journal，34（5）：444-449. ©Wiley.

误差和偏倚

误差和偏倚影响研究的可靠性，是基于研究正确推断出实际情况的能力。

误差是指研究的可靠性或精确度，有两种类型的错误：

• Ⅰ型错误：认为研究组之间有差异，但实际上是没有差异的。当研究一种治疗方法的效果时，结论是治疗有效，而实际上无效时，就会出现Ⅰ型错误。

• Ⅱ型错误：认为研究组之间没有差异，但实际上是有差异的。当研究一种治疗的效果时，结论是治疗无效，而实际上却有效时，就会出现Ⅱ型错误。

这在 2×2 表中可能更容易理解（表 2.4）。

表 2.4 统计分析中两种错误类型

		实际情况	
		研究组有差异，治疗有效果	研究组无差异，治疗无效
研究结论	结论为研究组有差异，治疗有效	正确结论把握度	Ⅰ型错误 α
	结论为研究组无差异，治疗无效	Ⅱ型错误 β	正确结论

阴影单元格显示了正确的解释，白色单元格显示了错误类型。

示例

假设有一项饲喂红薯对犬患糖尿病影响的研究。如果研究结论是饲喂红薯与糖尿病的增加有关，并且这是事实，那么它会在全世界的犬群中（外部效度）发生。这正是我们在研究中找寻的实际情况的预估。

如果出于某种原因，这个结论是不正确的（饲喂红薯不会增加糖尿病），那么这项研究就存在Ⅰ型错误，因为结论是治疗效果（饲喂红薯）对结果（糖尿病）有影响，而实际上没有。

另一方面，如果结论是饲喂红薯对糖尿病没有影响，而实际上这种影响是存在的，那么这项研究就存在Ⅱ型错误。

这些类型的错误在统计分析中的阐释如下：

- α是出现Ⅰ型错误的概率（结论是治疗效果是不同的，实际上相同）。
- β是出现Ⅱ型错误的概率（结论是治疗效果是相同的，实际上不同）
- **把握度**是正确识别不同治疗方法的概率（结论是治疗效果是不同的，实际上确实不同），换句话说，就是不犯Ⅱ型错误的概率。把握度等于1-β。

通常，将结果可能不是由偶然性造成的接受阈值设置为 α＝0.05（P 值为 5%）和 β＝0.80（80%）。这意味着我们接受研究结果仅由偶然性造成的概率为 5%。换句话说，如果重复同样的研究 100 次，而实际上治疗效果并没有不同，我们只会得到 5 次相同的结果（由于偶然性）。

在预算紧张或存在生物学局限性的情况下，如流行率非常低的疾病，可以改变这些阈值。设置参数 α＝0.05 意味着我们希望研究结果的 P 值为 5%。然后将结果以一个特定的 P 值（如 P ＝0.031 或 P ＝0.387）或简单的 P≤0.05 或 P ＞0.05 表示结果高于或低于设定的阈值（α）。在兽医文献中可以看到很多类似情况。P 值小于设定目标 α，意味着（在这个概率之内）结果可能不仅仅是由偶然性造成的，可以认为这是真实的。P 值大于α 意味着结果由偶然性造成的概率更大。

置信区间

在研究文章中，对疾病或风险因素关联性的测量结果通常用括号内的一组数据表示括号前数值的 95%置信区间(CI)。该值的范围表明，基于所使用的样本量，我们有多大的信心确定关联度（括号前面的值）是准确的。如果研究重复多次，则表明结果的变异性。CI 范围越广，可信度就越低。95% CI 相当于 5% 的 P 值。如果研究允许出现Ⅰ型错误的概率为 10%（α ＝ 0.10），则结果中的 CI 为 90% CI。抽象地讲有点复杂，下面的例子可以帮助理解。

示例

在之前马肠绞痛术后并发症研究的数据中，作者报告了几种情况下 OR 的 95% CI。当发生伤口化脓时"疝气形成"的 95%CI 表明，OR 为 4.32，实际上可能在 1.43～12.39。换句话说，如果同样的研究重复 100 次，95 次的 OR 值会在 1.43～12.39，而其余 5 次的 OR 值会超出这个范围（高于或低于）。该范围的生物学解释是疝气的形成可在伤口没有化脓的马身上发现，从轻微的变化（OR＝1.43）到 12 倍（OR ＝12.39）。

现在将"心率"作为疝气形成的一个因素，显示 OR 为 1.04，95% CI 在 1.01～1.06。如果重复这项研究 100 次，其中 95 次 OR 值在 1.04～1.06，5 次的 OR 值则会超出此范围。因此，可以确定，每分钟每增加一次心跳（入院时），疝气形成的概率增加 4%～6%（95% CI 1.04～1.06）。有关 OR 解释的其他示例及阐释，请参阅"比值比"章节。

在一项野猪寄生虫的研究中，作者在同一表格中使用了两种不同的显著性水平（Fernandez-de-Mera et al.，2003）。对于寄生虫的流行率使用了 95% CI，对于动物体内寄生虫强度，使用 90%CI（表 2.5）。

另一个示例（图 2.7）是将样本量、P 值和置信区间结合在一起。这项研究是一个荟萃分析，将同一主题的多项研究结果进行比较，即血清碱性磷酸酶与患有阑尾癌犬的生存率之间的关系（Boerman et al.，2012）。请注意，样本量较小的研究（Tham $n = 21$，Selvarajah $n = 32$）具有最宽的 95% CI。图中的线表示 CI 的宽度，而正方形表示风险比的名义值（也称为 OR，见"比值比"部分）。

表 2.5 西班牙野猪样本量、流行率和寄生虫感染程度

	n	流行率		强度	
		%	CI (95%)	均值	CI (90%)
椎尾球首线虫	9	11.1	0~48	3.00	0.00~0.00
有出结节线虫	9	22.2	3~60	23.50	3.00~23.50
何圆线虫	9	66.7	30~92	633.0	21.17~124 5
猪蛔虫	9	44.4	14~79	3.00	1.00~4.75
美丽筒线虫	9	0.0	0~34	NA	0
圆形似蛔线虫	9	11.1	0~48	1.00	0.00~0.00
六翼泡首线虫	9	22.2	3~60	1.50	1.00~1.50
奇异西蒙线虫	9	22.2	3~60	1.50	1.00~1.50
猪毛首线虫	9	33.3	7~70	117.67	6.00~214
肝毛细线虫	9	11.1	0~48	1.00	0.00~0.00
蛭形巨吻棘头虫	9	0.0	0~34	NA	0

来源：Fernandez-de-Mera I. G.，Gortazar C.，Vicente J.，Hofle U. and Fierro Y. (2003). Wild boarhelminths：risks in animal translocations. Veterinary Parasitology，115 (4)：335-341.ⒸElsevier.

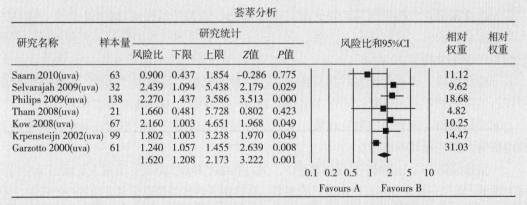

荟萃分析

研究名称	样本量	研究统计					风险比和95%CI	相对权重	相对权重
		风险比	下限	上限	Z值	P值			
Saarn 2010(uva)	63	0.900	0.437	1.854	-0.286	0.775		11.12	
Selvarajah 2009(uva)	32	2.439	1.094	5.438	2.179	0.029		9.62	
Philips 2009(mva)	138	2.270	1.437	3.586	3.513	0.000		18.68	
Tham 2008(uva)	21	1.660	0.481	5.728	0.802	0.423		4.82	
Kow 2008(uva)	67	2.160	1.003	4.651	1.968	0.049		10.25	
Krpensteijn 2002(uva)	99	1.802	1.003	3.238	1.970	0.049		14.47	
Garzotto 2000(uva)	61	1.240	1.057	1.455	2.639	0.008		31.03	
		1.620	1.208	2.173	3.222	0.001			

图 2.7 患有阑尾癌犬血清碱性磷酸酶与存活时间相关性的荟萃分析

来源：Boerman I.，Selvarajah G. T.，Nielen M. and Kirpensteijn J. (2012). Prognostic factors in canine appendicular osteosarcoma-a meta-analysis. BMC Veterinary Research，8：56-58.

偏倚

系统性误差或偏倚是一种特殊类型的误差。当某一特定结果的偏向不是由于情况的真实性引起（因此是系统性的）时，就会产生偏倚。通常，偏倚是由于分析中未考虑某些风险因素造成的，但有时候，当测量结果的人知道哪些动物接受了哪种治疗，并且部分或"感知"到存在差异时，会下意识地寻找证实他们感知的细微迹象。

> **示例**
>
> 假设一项研究关注一种新的锌制品对马伤口的愈合效果，使用的评分系统从 0～5；0 是完全愈合，5 是完全没有愈合。如果其中一个研究地点的马厩管理者没有告诉研究人员，那个马厩里所有马的饮食中都含有一种特殊的矿物质补充剂，其含量与新型锌制剂的锌含量一样高，则该研究结果可能会产生偏倚。因为那个马厩里的对照马和治疗马都补充了锌补充剂，可能比其他地方的马更容易痊愈。这就会使结果产生偏倚。假设在另一项研究中，使用该产品的人和给结果打分的人是同一个人，那么她/他可能希望该产品使用效果好，那些愈合不好的马（得分 4）就被评为中度愈合（得分 3）。

为了避免由于主观理解或印象产生的偏倚，常见的做法是"盲法实验"，意味着评估结果的人不能实施治疗。您可能听说过医学研究中常见的"双盲"实验，接受治疗的受试者和评估者都不知道病人是在对照组还是在治疗组。

为了避免研究中由于没有考虑某些风险因素而产生偏倚，通常在选择过程中将研究个体的特征标准化（如品种和年龄），并尽可能多地收集患病动物信息，以便在研究之前对这些信息进行比较，确定是否有所不同。这些信息通常作为研究的描述性统计数据显示在研究报告的第一张表中。

偏倚有以下几种特殊类型：

• 选择偏倚：在随机选择动物的研究中很常见，如选择最先就诊的 10 只犬。这些一大早就来就诊的犬，很可能有非常关心它们的主人，会受到额外的营养补充和照顾，因此它们不代表正常的犬。

• 检测偏倚：非盲性研究的典型特征，在这种研究中，研究者"真的"希望在治疗组中找到某些东西，并且下意识地在本组中比在另一组花费更多的时间检查动物。

• 回忆偏倚：调查中的常见现象，人们更容易记住最近发生的事情或对生活有重大影响的事情，而忽视其他事情。

• 信息偏倚：这在调查中也是很典型的，尤其是那些开放式问题，有些人更倾向于给出简短的答案，而另一些人则喜欢给出详尽的答案。从这两者收集的信息量是无法进行比较的。

> **示例**
>
> 在金珠植入对犬髋关节发育不良的疼痛影响研究（Jaeger et al.，2005）中，犬主人

负责记录犬的疼痛知觉数据，但他们并不知道自己的犬是否植入金珠或接受过安慰剂。一段时间后，研究允许主人为其犬选择金珠植入，此时，所有主人都知道犬是否有植入物，最终将此结果与之前盲法研究获得的结果进行比较（表 2.6）。

表 2.6　盲法研究和非盲法研究中金珠植入后疼痛知觉变化的比较

| 治疗 | 犬髋关节发育不良的疼痛症状 | | | | | | 犬的总数 |
	完全康复	很大改善	轻微改善	没有改善	轻微恶化	严重恶化	
盲性金珠	5	17	8	6	0	0	36
已知金珠	1	14	9	2	4	2	32

来源：Jaeger G. T., Larsen S. and Moe L. (2005). Stratification, blinding and placebo effect in a randomized, doubleblind placebo controlled clinical trial of gold bead implantation in dogs with hip dysplasia. Acta Veterinaria Scandinavica, 46 (1-2)：57-68.

混杂

当另一个变量"混淆"或扭曲了风险因素对结果的影响时，就会出现**混杂**。将变量视为混杂因素需要具备以下几个特征：
- 它是结果的一个风险因素。
- 它与研究的风险因素有关联。
- 它不在风险因素和结果之间的因果关系中。

> **示例**
>
> 假设有一项学校旅行探访（风险因素）对动物园老虎压力指标皮质醇水平（结果）影响的研究。在学校探访期间，动物园管理员会让狮子进入与老虎邻近的围栏，这需要激活电栅栏（两个风险因素都是相关的），发出让老虎紧张的嗡嗡声（也就是说，电栅栏是老虎体内皮质醇水平高的一个风险因素）。电栅栏不是孩子们让老虎紧张因果关系；即这并不是孩子们和老虎紧张之间的必然联系。为狮子设置的电栅栏是一群尖叫的孩子对老虎皮质醇水平产生影响的混杂因素。

考虑到这些特征，可以认为大多数研究都存在混杂因素，特别是我们尚不了解的变量。但是，我们可以通过适当的研究设计来减少混杂（见第四章）。

交互作用

当与结果相关的两个风险因素同时存在，并且仅通过暴露于其中一个风险因素就影响结果时，就会发生交互作用。这就是为什么有些人使用术语"修饰效应"来指交互作用。

在统计分析中通常用多变量模型来表示，该模型显示了在保持所有其他变量不变的情况下，修改一个变量对结果的影响。有的已发表研究将交互作用纳入模型中，表明变量组合对结果的特定影响。通过下述示例，这一点将变得更加清晰易懂。

> **示例**
>
> 在一项犬狂犬病疫苗接种效果的研究中，疫苗接种的成功率［定义为高于世界动物卫生组织（OIE）标准的滴度］受犬种大小和疫苗接种次数等变量的影响。在单变量分析（表2.7）中选择 P 值小的变量（单变量分析即每次分析仅纳入一个变量）。变量的联合效应在后面的多变量模型中证实（表2.8），该模型同时分析多个变量。在多变量分析中可以得出，使用接种一次疫苗的迷你犬-小型犬作为参考类别，与其他所有品种进行比较，大型犬（突出显示）接种一次狂犬病疫苗的成功率比小型犬高2.25倍（OR＝2.25），但接种两次疫苗的小型犬（突出显示）比接种一次疫苗的小型犬低2.44倍（OR＝0.41，1/0.41＝2.44，更多信息见"比值比"部分）。因此，狂犬病疫苗接种的成功率因犬（同一品种犬）接种一次或两次而异。这也意味着，狂犬病疫苗接种的成功率因品种大小而异，并且因接种一次或两次而异。

表 2.7　不同因素对犬接种狂犬病疫苗接种效果影响的单因素分析

变量	标准	动物数量	犬抗体滴度≥0.5 IU/mL 的比例（%）	单因素逻辑回归分析 P 值
疫苗类型	1：疫苗 A	3 571	87.4	
	2：疫苗 B	3 218	96.9	＜0.001
上一次接种后抗体检测日期	1：120～150d	5 156	92.6	
	2：151～180d	1 613	90.3	0.003
接种次数	1：一次	1 766	85.7	
	2：两次	5 023	94.1	＜0.001
接种年龄	1：6 月龄以下	1 635	89.5	
	2：6～11.9 月龄	1 050	92.6	
	3：1～2.49 岁	1 692	93.8	
	4：2.5～4.99 岁	1 053	92.6	
	5：5 岁以上	698	90.4	＜0.001
品种大小	1：迷你纯种犬（高度 30cm 以下）	1 482	94.1	
	2：中小型纯种犬（高度 30～45cm）	1 203	92.2	
	3：中大型纯种犬（高度 46～60cm）	1 965	91.4	
	4：大型/超大型纯种犬（高度 60cm 以上）	1 345	88.4	
	5：大小未知的杂交犬	747	94.5	＜0.001
性别	1：母犬	3 637	91.4	
	2：公犬	3 152	92.5	0.12

来源：Berndtsson L. T., Nyman A. K., Rivera E. and Klingeborn B. (2011). Factors associated with the success of rabies vaccination of dogs in Sweden. Acta Veterinaria Scandinavica, 53: 22.

表2.8　影响犬接种狂犬病疫苗接种效果的多因素分析

变量	β	SE（β）	OR^a	95% CI^b（OR）	P值
截距	−1.44	0.19	—	—	—
疫苗					
A：Nobivac	Ref	—	—	—	—
B：Rabisin	−1.47	0.12	0.23	0.18，0.29	<0.001
交互作用					
品种尺寸×接种次数					
迷你-小型犬×免疫一次	Ref	—	—	—	—
小-中型犬×免疫一次	0.07	0.27	1.07	0.63，1.84	0.79
中型-大型犬×免疫一次	0.68	0.21	1.97	1.29，3.00	0.002
大-特大型犬×免疫一次	0.81	0.22	2.25	1.45，3.49	<0.001
大小未知（混合品种）×免疫一次	−0.41	0.38	0.66	0.32，1.39	0.28
迷你-小型犬×免疫两次	−0.90	0.24	0.41	0.25，0.65	<0.001
小-中型犬×免疫两次	−0.31	0.22	0.73	0.47，1.13	0.16
中型-大型犬×免疫两次	−0.61	0.21	0.54	0.36，0.82	0.004
大-特大型犬×免疫两次	−0.07	0.21	0.93	0.62，1.42	0.75
大小未知（混合品种）×免疫两次	−0.91	0.29	0.40	0.23，0.72	0.002
接种年龄×接种后抗体检测时间					
<6月龄×（120～150）d	Ref	—	—	—	—
（6～11.9）月龄×（120～150）d	−0.40	0.17	0.67	0.48，0.93	0.018
（1～2.49）岁×（120～150）d	−0.67	0.16	0.51	0.38，0.70	<0.001
（2.5～4.99）岁×（120～150）d	−0.63	0.18	0.53	0.38，0.75	<0.001
≥5岁×（120～150）d	−0.41	0.19	0.66	0.45，0.96	0.032
<6月龄×（151～180）d	−0.10	0.20	0.90	0.60，1.35	0.62
（6～11.9）月龄×（151～180）d	−0.24	0.25	0.78	0.48，1.29	0.34
（1～2.49）岁×（151～180）d	−0.63	0.22	0.53	0.34，0.82	0.004
（2.5～4.99）岁×（151～180）d	−0.12	0.24	0.89	0.56，1.42	0.62
≥5岁×（151～180）d	0.58	0.25	1.80	1.10，2.93	0.019

注：a，OR为比值比；b，CI为置信区间。

来源：Berndtsson L. T.，Nyman A. K.，Rivera E. and Klingeborn B.（2011）. Factors associated with the success of rabies vaccination of dogs in Sweden. Acta Veterinaria Scandinavica，53：22.

第三章　兽医循证医学

近年来，循证医学（EBM）成为一个"热词"，如果不使用或提及循证医学，甚至会被认为是玩忽职守。从本质上讲，循证医学要求基于科学证据，确定医疗方案、采用新信息和技术，以提升治疗效果。然而，EBM 并不是不需要经验，在特定情况下，经验依然是护理好病患的必要条件。

多数医务工作者有意践行循证医学，但问题在于"什么可以界定为证据"。过去，由于获得新信息的途径很少，新知识传播能力有限，大多数医务工作者只能将自己和周围同行的经验作为"证据"。但如今，大家面临的问题恰好相反，信息的可及性大幅提升，如何从众多信息中筛选出可以接受的证据成为最大的困难。

循证医学关注的是"科学的"证据。因此，问题就变成了"什么才是科学的"，并非所有的信息都可以作为科学证据。任何人都可以在网络或杂志上发表个人观点，这些被称为"灰色文献"。其他类似的"灰色文献"包括政府出版物、会议记录、硕博士论文、新闻稿，以及维基百科等，这些信息都未经过同行评议。当然，随着时间的推移，会有更多的评审人员参与维基百科等网站信息的审查编辑，这将提高信息的准确性。但这些审查不会像科学期刊的"同行评议"那样系统且可控。当然，即使是科学期刊，也不是所有文章都经过同行评议。

一般来说，科学期刊上常见的文章有四类：

• **文献综述**：通过对已发表文章内容进行综述，尽可能广泛和深入地涵盖某种疾病或状况的信息（图 3.1）。因此，文献综述应大量引用原始研究或案例报告类文献，为所持观点提供证据支持。通常，文献综述中没有新信息，但所有与研究内容相关的可获取信息都应该包括在内，从而为新疫病或新情况的研究提供良好开端。文献综述一般不做统计分析，但会进行同行评议。

• **原创性研究**：这类文章研究的是疾病或状况中的特定问题（图 3.2）。原创性研究往往会参考过往研究，从而就如何提出现有研究问题、以往就类似问题开展的研究情况作出说明。同时，参考过往研究也可对现有研究结果作出评估。多数原始研究都需要进行统计分析，从而判断其结果是否具有统计意义。大部分研究论文是为了展示新信息。原创研究型文章通常会进行同行评议。

• **案例报告**：这类文章一般是描述一个或一群动物的疾病或状况信息（图 3.3），无法进行统计分析。过往文献仅能提供其他疾病或其他动物的相似疾病的有限信息。案例报告型文章通常会进行同行评议。

• **社论、意见和白皮书**：这类文章中，作者会就某种疾病（图 3.4）、状况或情况发表自己的观点，这是他们在小组会议上表达共识最常见的途径（图 3.5）。这类文章往往没有太多参考文献或统计分析，通常不进行同行评议，因为同行意见与作者的观点直接相关。

示例

如图 3.1 所示，在一篇关于猫癫痫的综述文章中（Pakozdy et al.，2014）有一句是这样陈述的"………an established staging system for feline temporal lobe epilepsy based on the observation on a kindling model. 25"首次报告该系统建立研究的文章发表于 40 年前（Wada et al.，1974），如图 3.2 所示。

Epilepsy in Cats: Theory and Practice

A. Pakozdy, P. Halasz, and A. Klang

The veterinary literature on epilepsy in cats is less extensive than that for dogs. The present review summarizes the most important human definitions related to epilepsy and discusses the difficulties in applying them in daily veterinary practice. Epileptic seizures can have a wide range of clinical signs and are not necessarily typical in all cases. Whether a seizure event is epileptic can only be suspected based on clinical, laboratory, and neuroimaging findings as electroencephalography diagnostic techniques have not yet been developed to a sufficiently accurate level in veterinary medicine. In addition, the present review aims to describe other diagnoses and nonepileptic conditions that might be mistaken for epileptic seizures. Seizures associated with hippocampal lesions are described and discussed extensively, as they seem to be a special entity only recognized in the past few years. Furthermore, we focus on clinical work-up and on treatment that can be recommended based on the literature and summarize the limited data available relating to the outcome. Critical commentary is provided as most studies are based on very weak evidence.
Key words: Diagnosis; Etiology; Review; Seizure; Terminology; Therapy.

图 3.1 综述性论文摘要

来源：Pakozdy A.，Halasz P. and Klang A.（2014）. Epilepsy in cats：theory and practice. Journal of Veterinary Internal Medicine，28（2）：255-263. ©Wiley.

Epilepsia, 15:465-478, 1974
© Raven Press, New York

Persistent Seizure Susceptibility and Recurrent Spontaneous Seizures in Kindled Cats

Juhn A. Wada, Mitsumoto Sato, and Michael E. Corcoran

Summary

Daily unilateral electrical stimulation of initially subconvulsive amygdala resulted in progressive development of seizures (kindling) in cats, culminating in generalized convulsive seizures of focal onset that could occur spontaneously. Kindled cerebral epileptogenicity persisted for up to 12 months and was characterized by (1) interictal spike discharges of consistent morphology and localization, and (2) an "all or none" response to stimulation at the generalized seizure triggering threshold. Pentylenetetrazol (Metrazol) enhanced the frequency of interictal discharge without changing its localization or morphology, and caused generalized seizures with focal onset exactly like those produced by unilateral stimulation of the amygdala. These findings indicate that repeated electrical stimulation of amygdala produces widespread alteration of brain function resulting in a permanent state of epileptogenicity. Kindling thus qualifies as an experimental model reminiscent of certain types of human epilepsy.

图 3.2 原创性研究论文摘要

来源：Wada J. A.，Sato M. and Corcoran M. E.（1974）. Persistent seizure susceptibility and recurrent spontaneous seizures in kindled cats. Epilepsia，15：465-478. © Wiley.

无论原始研究多久远，只要提出与之相关的想法或有新的发现，原始研究文章均应被引用。因为，成果应归功于最初提出想法、开展研究并发表文章的人。正如发现灯泡新用途的人有功劳，但是灯泡发明的成果则应始终归托马斯·爱迪生所有。

上面提到的文献综述（Pakozdy et al.，2014）中列表总结了猫癫痫治疗药物可能产生的不良作用（表3.1）。表中所示内容是多项研究的综合结果，因此这些研究都需列入参考文献。其中一些研究是原创性研究，通过实验得到结论。也有一些是案例报告，如参考文献61（Ducote et al.，1999）。该案例研究根据一只猫对苯巴比妥过敏的报告，提出苯巴比妥可能会引起皮疹等副反应的观点（图3.3）。

CASE REPORT
Suspected hypersensitivity to phenobarbital in a cat

J M Ducote*, J R Coates, C W Dewey, R A Kennis

Adverse reactions to phenobarbital administration have been reported in humans and dogs. This case history describes a young domestic shorthair cat that presented with clinical signs compatible with an adverse drug reaction to phenobarbital. Clinical signs included depression, anorexia, cutaneous eruptions, and a severe, generalised lymphadenopathy. These signs began approximately 21 days after beginning phenobarbital administration. Similarities between this reaction and the anticonvulsant hypersensitivity syndrome are demonstrated and possible aetiologies are discussed.

图3.3　案例研究型论文摘要

来源：Ducote J.M.，Coates J.R.，Dewey C.W. and Kennis R.A.（1999）．Suspected hypersensitivity to phenobarbital in a cat. Journal of Feline Medicine and Surgery，1：123-126.

EQUINE VETERINARY JOURNAL
Equine vet. J. (1977), 9 (4), 183-185

The Legal Responsibilities of the Veterinary Surgeon arising from Advances in Equine Cardiology and in the Prescription of Drugs for Racehorses

E. CAZALET
Temple, London

SUMMARY

The paper examines the responsibilities of the veterinary surgeon in relation to the advances more recently made in the field of equine cardiology. Notwithstanding such advances it is stated that the normal established legal principles apply, in particular in relation to the preparation of certificates, namely that the veterinary surgeon must be sufficiently expert to give the opinion sought, that he must make himself fully aware of the purpose for which the certificate is required and that he must make clear the nature and limitations of any examination carried out.

The paper also refers to the current problem relating to the use of drugs in racehorses and emphasises that when a veterinary surgeon is prescribing any such drug for therapeutic purposes he must clearly warn the trainer of the danger of the drug proving positive on a laboratory test. If possible he should be in a position to state the safe period required to enable the horse to eliminate the drug from its system.

图3.4　见解型论文摘要

来源：Cazalet E.（1977）．The legal responsibilities of the veterinary surgeon arising from advances in equine cardiology and in the prescription of drugs for racehorses. Equine Veterinary Journal，9：183-185.ⒸWiley.

Exploration of developmental approaches to companion animal antimicrobials: providing for the unmet therapeutic needs of dogs and cats

AAVPT Workshop White Paper Committee
Committee Members:
M. APLEY*
R. CLAXTON**
C. DAVIS†
I. DeVEAU††1
J. DONECKER†
A. LUCAS††
A. NEAL††2 &
M. PAPICH***

*Kansas State University; **Schafer Veterinary Consultants; †University of Illinois; ††1U.S. Pharmacopeia, Inc. (currently with U.S. FDA); †Pfizer, Inc.; ††Elanco Animal Health; ††2U.S. Pharmacopeia, Inc. (currently with U.S. FDA-CVM); ***North Carolina State University

AAVPT Workshop White Paper Committee. Exploration of developmental approaches to companion animal antimicrobials: providing for the unmet therapeutic needs of dogs and cats. J. vet. Pharmacol. Therap. 33, 196-201.

The American Academy of Veterinary Pharmacology and Therapeutics (AAVPT) and the United States Pharmacopeia (USP) co-sponsored a workshop to explore approaches for developing companion animal antimicrobials. This workshop was developed in response to the shortage of approved antimicrobials for dogs and cats, as there is a shortage of approved antimicrobials for the range of infectious diseases commonly treated in small animal practice. The objective of the workshop was to identify alternative approaches to data development to support new indications consistent with the unmet therapeutic needs of dogs and cats. The indications for currently approved antimicrobials do not reflect the broader range of infectious diseases that are commonly diagnosed and treated by the veterinarian. Therefore, the labels for these approved antimicrobials provide limited information to the veterinarian for appropriate therapeutic decision-making beyond the few indications listed. Industry, veterinary practice, and regulatory challenges to the development of new antimicrobial indications were discussed. The workshop resulted in short- and long-term recommendations. Short-term recommendations focus on the use of additional data considerations for product labeling. Long-term recommendations center on legislative or regulatory legal initiatives. The workshop recommendations will need collaboration from industry, academia, and regulatory authorities and a legal shift in the drug approval and availability processes.

图 3.5 白皮书型文献摘要

来源：Apley M.，Claxton R.，Davis C.，DeVeau I.，Donecker J.，Lucas A.，Neal A. and Papich M.（2010）. Exploration of developmental approaches to companion animal antimicrobials：providing for the unmet therapeutic needs of dogs and cats. Journal of Veterinary Pharmacology and Therapeutics，33（2）：196-201. ©Wiley.

表 3.1 猫癫痫口服给药治疗

药物	剂量	可能出现的不良反应	备注
苯巴比妥	1～5mg/kg, q12h	镇静、共济失调、多尿、多饮、多食、白细胞减少、血小板减少、淋巴结病、皮肤疹、凝血病	血清水平监测（100～300 μmol/L, 23～30μg/mL）
安定	0.2～2mg/kg, q8～24h	镇静、多尿、多饮、多食、肝衰竭	建议开展肝功能监测
溴化钾	30～40mg/kg, q24h	多尿、多饮、呕吐、嗜酸性支气管肺炎	血清水平监测
氯安定	3.75～7.5mg/kg, q6～12h	镇静、多尿、多饮、多食、肝衰竭	
左乙拉西坦	10～20mg/kg, q8h	食欲不振、镇静、高脂肪	
加巴喷丁	5～20mg/kg, q6～12h	镇静、共济失调	
唑尼沙胺	5～10mg/kg, q12-24h	镇静、食欲不振、呕吐、腹泻	
普瑞巴林	1～2mg/kg, q12h	镇静	尚无临床研究
普罗潘非林	5mg/kg, q12h		尚无临床研究
牛磺酸	每只猫 100～400mg, q24h		抑制性氨基酸
托吡酯	12.5～25mg, q8～12h	镇静、食欲不振	尚无临床研究

来源：Pakozdy A.，Halasz P. and Klang A.（2014）. Epilepsy in cats：theory and practice. Journal of Veterinary Internal Medicine，28（2）：255-263. ©Wiley.

同行评议通常由两个或三个专家进行，这些专家均在文章所研究的领域中有丰富的经验。然而，没有人是绝对正确的，尽管有的研究在分析或解释上可能存在一些错误，但也能通过审查并发表。这就意味着，发表的文章不一定都是准确的或真实的。

不是所有发表的研究都可以作为科学证据。

如果不是所有发表的研究都能被认定为科学证据，那该如何取舍？当我们对一种疾病或状况知之甚少时，文献综述是一个很好的开始。然而显而易见的是，原创性研究（通常称为研究论文）会被所有类型的文章引用，也可为执业医生提供科学依据。但是切记，发表的研究并不一定都是正确的，使用之前读者应作评估。

参考文献可以用来证实某个观点，因为相关研究已经完成。因此，任何被认作事实的陈述都应该引用文献。大多数研究论文只提供一到两个可供参考的陈述。原因是他们只研究了特定问题，例如，"与使用凡士林相比，使用含有1％过氧化氢的乳膏治疗是否能加快伤口愈合"（Toth et al.，2011），答案是肯定或否定的。对于某些研究，答案可能有一些限定词。例如，在关于金珠植入物对犬骨关节炎疼痛影响的研究中（Jaeger et al.，2005），问题是"金珠植入能否减少患骨关节炎犬的疼痛"，答案是"总体来说，可以，但4岁以下的犬比年长的犬效果更好。"更宽泛的问题，如"犬早期阉割/去势是否与疾病风险增加有关"（Spain et al.，2004）将包含若干答案，每个答案都是针对所研究的特定疾病而言的，因此需提供若干参考文献。

引用流行率或发病率时，需引用近期的论文（0～5年内）。引用观点时，应引用提出该观点的原始论文。引用时，应对原作者的发现或观点进行评价。

> 任何被认作事实的陈述都应引用文献。

研究性论文的评估

研究论文的一般性结构依次包括：
- 题目。
- 作者姓名与所属单位。
- 摘要。
- 背景。
- 材料与方法。
- 结果。
- 讨论。
- 结论。
- 参考文献。
- 致谢。

题目。通常期刊会将文章题目限制在一定长度之内，因此只有部分文章题目能将内容交代清楚。作者姓名与所属单位有助于深入了解作者的研究领域，也有助于读者了解该研究是否有中立的第三方或成果获益人参与。

摘要或总结。多数读者都会阅读摘要，因此摘要应能简明且准确地总结文章内容（通常限制在 250 字以内）。摘要不应涉及文章未提及的内容。然而，我们也不可能用 250 个单词概括文章所有内容，因此，摘要一般呈现的是关键信息，并稍加渲染以吸引读者。摘要写得不好，仅阅读摘要的人可能因曲解而弃读。有的摘要是包含若干标题的结构化摘要（图 3.6），也有一些摘要仅是一个连续段落（非结构化摘要见图 3.7）。

Abstract

Background: The risk of injuries is of major concern when keeping horses in groups and there is a need for a system to record external injuries in a standardised and simple way. The objective of this study, therefore, was to develop and validate a system for injury recording in horses and to test its reliability and feasibility under field conditions.

Methods: Injuries were classified into five categories according to severity. The scoring system was tested for intra- and inter-observer agreement as well as agreement with a "golden standard" (diagnosis established by a veterinarian). The scoring was done by 43 agricultural students who classified 40 photographs presented to them twice in a random order, 10 days apart. Attribute agreement analysis was performed using Kendall's coefficient of concordance (Kendall's W), Kendall's correlation coefficient (Kendall's τ) and Fleiss' kappa. The system was also tested on a sample of 100 horses kept in groups where injury location was recorded as well.

Results: Intra-observer agreement showed Kendall's W ranging from 0.94 to 0.99 and 86% of observers had kappa values above 0.66 (substantial agreement). Inter-observer agreement had an overall Kendall's W of 0.91 and the mean kappa value was 0.59 (moderate). Agreement for all observers versus the "golden standard" had Kendall's τ of 0.88 and the mean kappa value was 0.66 (substantial). The system was easy to use for trained persons under field conditions. Injuries of the more serious categories were not found in the field trial.

Conclusion: The proposed injury scoring system is easy to learn and use also for people without a veterinary education, it shows high reliability, and it is clinically useful. The injury scoring system could be a valuable tool in future clinical and epidemiological studies.

图 3.6 原创型研究文章摘要（结构化摘要）

来源：Mejdell C. M.，Jorgensen G. H.，Rehn T.，Fremstad K.，Keeling L. and Boe K. E.（2010）. Reliability of an injury scoring system for horses. Acta Veterinaria Scandinavica，52：68.

摘要一般呈现的是关键信息，并稍加渲染以吸引读者。

Summary:

Sixteen toy breed dogs completed a parallel, 70-day two-period, cross-over design clinical study to determine the effect of a vegetable dental chew on gingivitis, halitosis, plaque, and calculus accumulations. The dogs were randomly assigned into two groups. During one study period the dogs were fed a non-dental dry diet only and during the second study period were fed the same dry diet supplemented by the daily addition of a vegetable dental chew. Daily administration of the dental chew was shown to reduce halitosis, as well as, significantly reduce gingivitis, plaque and calculus accumulation and therefore may play a significant role in the improvement of canine oral health over the long-term. **J Vet Dent 28 (4); 230–235, 2011**

图 3.7 原创型研究文章摘要（非结构化摘要）

来源：Clarke D. E.，Kelman M. and Perkins N.（2011）. Effectiveness of a vegetable dental chew on periodontal disease parameters in toy breed dogs. Journal of Veterinary Dentistry，28（4）：230-235.

示例

一篇研究畜禽使用抗菌药物与人细菌耐药性关系的文章摘要的结尾句（Spika et al.，1987）是，"我们得出以下结论，动物源性食品是人沙门氏菌耐药性的主要来源，这种耐药性与养殖场动物抗生素使用有关。"但这个结论并未在文章内容中提及。要得到这个结论，作者应了解抗菌药物用量（他们没有）、对多种抗菌药物的耐药情况（他们只评估了氯霉素而未评估其他药物）、评估多种食用动物的情况（他们只研究了牛），并与其他沙门氏菌感染"来源"做比较（他们没有）。此外，该研究结果显示，与氯霉素耐药性所致沙门氏菌感染显著相关的主要因素，是在研究开展30d前服用过四环素或青霉素。虽然研究存在上述问题，但该论文依然被一项畜禽与人类细菌耐药性关系的研究引用（表3.2）。

表3.2　氯霉素耐药性所致人群沙门氏菌感染情况与不同风险因素的关联强度

	病例		对照		OR	P 值
	%	N	%	N		
抗生素使用<30d（四环素类和青霉素类）	24	45	2	88	19.6	<0.001
碎牛肉<1周	98	43	85	85	7.9	0.052
啃生肉	15	41	3	70	4.7	<0.02
A生产商提供的汉堡	20	N/A	3	N/A	12.7	<0.008

注：N/A，不适用。
来源：Spika J. S., Waterman S. H., Hoo G. W., St Louis M. E., Pacer R. E., James S. M., Bissett M. L., Mayer L. W., Chiu J. Y. and Hall B. (1987). Chloramphenicol-resistant Salmonella Newport traced through hamburger to dairy farms. A major persisting source of human salmonellosis in California. The New England Journal of Medicine, 316：565-570.

引言可以看作是一个简要但完整的文献综述，应扼要地概述对疾病或状况的已有认知。引言的最后通常会提及研究目标。目标应简明、可量化，便于分析研究结果。

材料和方法部分应尽可能详实，让读者能重复这项研究，并获得类似的结果。其中最重要的是确定合格和不合格动物的纳入和排除标准（病例定义），以及对照组的定义。

结果部分包括文本、表和图，只描述研究的客观结果。对结果的解释不在此部分体现。首先，应描述总体结果，然后再分层（如动物年龄、种群、性别）阐述分析结果。这通常应作为文章的第一个表格。另外，根据所描述的研究情况，应对失访动物做阐述，使读者能够评估这些失访情况对整个研究的影响。不同文章描述最重要的分析结果所用的表和图存在较大差异。次要结果通常只有文字描述。是否存在统计学差异（P 值）则能帮助读者评估结果的有效性。

讨论部分和**结论**部分经常被放在一起，但二者表达的内容完全不同。在讨论部分，作者对其研究结果作出解释，并显示与其他发表的类似研究的一致性，如果不一致，应该分析不一致的原因。在结论部分，作者将根据以往经验和环境，以及是否能够回答当前的研究问题，来决定结果的意义（生物学意义）。这就是所谓的内部有效性研究，即根据研究结果得出结论的能力。此外，作者将给出可能适用于其他群体的结论（推论）。这些推论需要考虑到研究所涉及的群体类型和环境，这样才能科学推断结论能否适用于其他群体。这被称为研究的外部有效性。

示例

因为生态系统、污染和气候的差异，从坦桑尼亚塞伦盖蒂（非洲）的狮子身上得出的研究结果可能不适用于生活在香港的家猫或生活在阿拉斯加的猞猁。

作者应在讨论中详细说明研究的不足，以及可以采取哪些措施来减少不足或提高研究的可靠性。需要指出的是，由于读者有着不同的经验、背景或兴趣，所以作者得出的结论可能与读者得出的结论不一致。这种情况一般出现在新治疗方案的研究中，这些方案与之前的方案相比只是略有改善。

示例

犬晚期血管瘤化疗效果的研究（Dervisis et al.，2011）在摘要中指出，"DAV（阿霉素、达卡沙星和长春新碱）联合用药有疗效，并可延长晚期血管瘤犬的寿命"，而在文章主题内容中，结论更为谨慎："DAV方案似乎对患有晚期非皮肤性血管瘤的犬有疗效"。研究结果表明，该方案治疗周期为21d，从治疗到死亡中位数时间为125d。这个效果看起来很好，但是当我们考虑到犬在每个治疗周期（21d）都要有三次到医院接受8h以上静脉输液、镇静及药物制剂给药，其中一些药物有严重的毒副作用，需要限制剂量，并有50%的犬活不过4个月，许多从业者会认为这不是一种有效的治疗方法。然而，值得一提的是，这项研究可能会为癌症治疗研究提供一些新的思路，而这些思路现在都十分前卫。因此，结论判定会因读者的研究兴趣不同而存在差异。

结果中数据的呈现

多数人都易受视觉信息驱动，因此用图表等方式展示结果，会令不同读者对结果的认知产生巨大差异，甚至理解错误。例如，使用条形图来显示两个或多个比较组之间视觉上的巨大差异，是一类典型的容易引起误解的图表。与经过同行评议的文献相比，这一问题在非专业文献（如产品广告）中更为常见。如果能意识到这一点，就更易发现问题，并对结果做出更准确的解释。

示例

图3.8和图3.9直观地描述了肠梗阻所致驴死亡和恢复的数量（Cox et al.，2007）。两图的源数据完全一致，而唯一区别是Y轴的范围。图3.8 Y轴的范围是48%～52%，图3.9 Y轴的范围是0～100%。即使在两幅图中使用相同的颜色，获取的信息也完全不同。以图3.8为参考，读者可能会认为与其他类型的绞痛相比，肠梗阻致死的驴更多，但实际上两组之间没有差异。

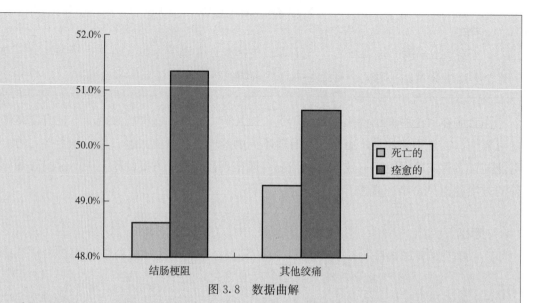

图 3.8 数据曲解

来源：Cox R.，Proudman C. J.，Trawford A. F.，Burden F. and Pinchbeck G. L.（2007）．Epidemiology of impaction colic in donkeys in the UK. BMC Veterinary Research，3：1-11.

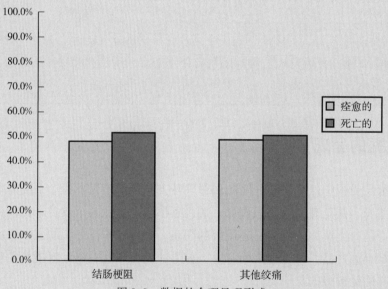

图 3.9 数据的合理呈现形式

来源：Cox R.，Proudman C. J.，Trawford A. F.，Burden F. and Pinchbeck G. L.（2007）．Epidemiology of impaction colic in donkeys in the UK. BMC Veterinary Research，3：1-11.

从图 3.10 和图 3.11 得到的信息有何不同？其实，图 3.10、图 3.11 显示的信息与图 3.8、图 3.9 所示完全相同，只是颜色不同。当您看到图 3.10 中驴死亡数的占比，或图 3.11 驴痊愈数的占比时，是否会感到不安？这可能与成年人易将红色看作与"小心"或"危险"有关。现在，请您在脑海中想象一下那些用红色显示数据的图表。

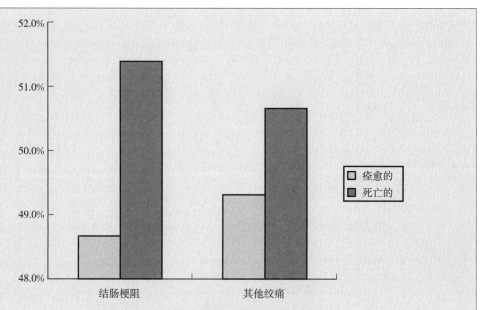

图 3.10　数据呈现中颜色可能引起的结果曲解

来源：Cox R.，Proudman C. J.，Trawford A. F.，Burden F. and Pinchbeck G. L.（2007）. Epidemiology of impaction colic in donkeys in the UK. BMC Veterinary Research，3：1-11.

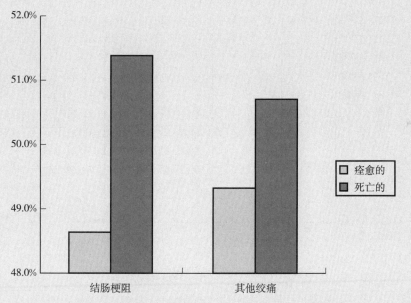

图 3.11　使用适合的颜色有利于对数据做出正确解释

来源：Cox R.，Proudman C. J.，Trawford A. F.，Burden F. and Pinchbeck G. L.（2007）. Epidemiology of impaction colic in donkeys in the UK. BMC Veterinary Research，3：1-11.

　　图 3.12 和图 3.13 源自一项比较 3 组奶牛（X 轴）产犊数量的研究，三组奶牛依次为，正常产犊（<285d 妊娠）、诱导分娩（285d 妊娠）或长妊娠期（>285d 妊娠）。

两图使用的数据完全相同；然而，图 3.12 似乎显示正常妊娠组的产犊情况明显优于其他两组，而图 3.13 似乎显示了三组的死产和单胎产犊没有差异。

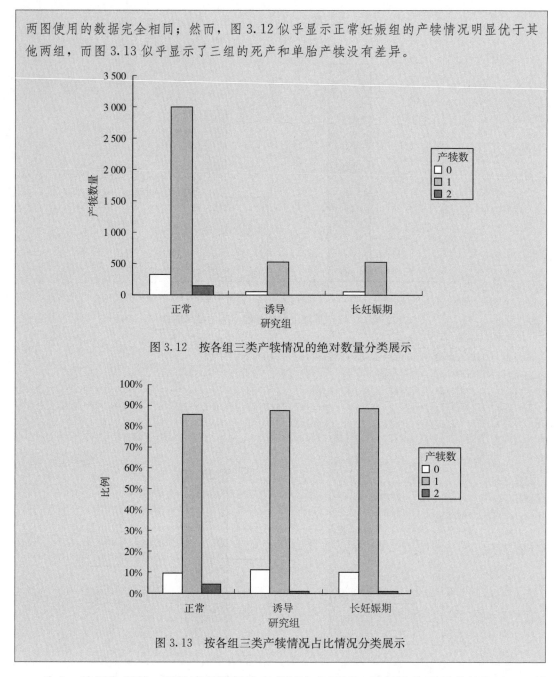

图 3.12　按各组三类产犊情况的绝对数量分类展示

图 3.13　按各组三类产犊情况占比情况分类展示

总之，为避免误解，需恰当且详细地定义每个坐标轴。X 轴应为要呈现的条目，Y 轴应为这些条目的具体信息。

结果的解释

研究中最重要的部分是结果的解释。所有结论都应由研究结果支持。如果发现一种模式，需有一个或多个假设来解释该模式存在的原因。

> **示例**
>
> 以下内容摘自阿瑟·埃丁顿爵士的《自然科学的哲学》，该段文字生动描述了研究有时会令人迷惑：
>
> 假设一位鱼类学家正在探索海洋生命。他在水里撒了一张网，捕获一些海洋生物。他以科学家的惯常方式观察捕获物，得出了两个结论：①任何海洋生物长都不少于5.08cm；②所有海洋生物都有鳃。
>
> 这位鱼类学家的结论基于观察，我们知道这两个结论都是错误的。如果他用的是小孔渔网，其结论可能会改变。也正是因为其他科学家用渔网以外的捕捞方法研究海洋生物，发现了小于2英寸和没有鳃的海洋生物，我们才知道他的结论是错误的。

由于背景差异，不同读者设定的假设可能存在差异，这也就导致，即便面对相同的数据，大家得出的结论可能大相径庭。结果解释是文章最重要的部分，因为其直接决定了如何运用这些结果。

统计分析用于两组或多组动物之间的比较，并判断结果是否为偶然获得。统计分析结果可分为两部分，即 P 值和关联强度。

统计显著性

统计显著性用 P 值表示。对 P 值的解释如下：$P=0.03$ 意味着，进行 100 次相同的研究，若两组之间有差异，因为偶然性，我们有 3 次机会获得两组间无差异的结果，差异不具备统计学意义。换句话说，研究结果不太可能是偶然发生的（100 次中有 3 次），而是由于研究变量和结果之间的真实关联导致的。

注意，在里我们并没有提及"随机事件"，因为"随机事件"一词在流行病学上有特指的含义（见第四章）。

大多数研究者用 5% 的显著性水平确定结果是否有统计学意义。但这个值并非一成不变，对于一些研究对象有限的研究来说，使用 10% 的显著性水平也完全可以接受。无论显著性水平是多少，P 值的意义是一样的，其取决于它是否高于或低于研究设定的显著性水平。使用 5% 的显著性水平，解释如下：

• P 值≤5% 意味着研究中获得的结果由偶然性引起的概率等于或小于 5%，属于小概率事件，因此研究组之间有差异的结论是真实的，即研究因素与结果相关。

• P 值>5%（即使是 5.1%）意味着组间差异存在偶然性，或许还有尚未确定且需进一步研究的风险因素（见第二章）。

统计显著性通常借助误差线图来表示数据均值的标准误。如果误差线重叠，两组之间的差异不具有统计学意义（图 3.14），而如果误差线不重叠，则差异具有统计学意义。

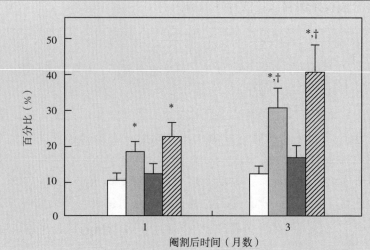

图 3.14　用误差线显示均值的标准误

来源：Fettman M. J．，Stanton C. A．，Banks L. L．，Hamar D. W．，Johnson D. E．，Hegstad R. L. and Johnston S．（1997）．Effects of neutering on bodyweight，metabolic rate and glucose tolerance of domestic cats. Research in Veterinary Science，62：131-136．ⒸElsevier.

示例

在一项关于绝育（危险因素）对猫增重影响的研究中（Fettman et al．，1997），如图 3.14 所示，误差线用于表示平均值的标准误，由此容易看出哪些组存在统计学差异，哪些组无统计学差异。也可在不同的误差线上用标记来显示差异。

统计显著性在很大程度上取决于样本量：样本量越大，P 值越小。因此，与受偶然因素影响较大的小样本研究相比，大样本研究往往能获好的 P 值，且研究结果可信度更高。然而，当研究变量应用于群体时，其与结果中得出的差异无关。

示例

表 3.3 是 2004 年 Spain 等对早期阉割/去势（风险因素）研究提供的表格。该表显示，大多数研究的结果变量与早期进行过阉割/去势手术显著相关（$P < 0.05$）。然而，这些结果不具备生物学意义。例如，当结果变量是避免犬吠惹恼家庭成员时，是否值得进行早期的阉割/去势？P 值显示，早期和晚期实施阉割/绝育的组间差异存在统计学意义。然而，参数（OR＝1.08）表明早期和晚期实施阉割/绝育组之间的差异只有 8%，这能说明问题吗？

表 3.3　1 659 只犬的行为特征与早期性腺切除的关系研究

行为	绝育年龄（月龄）	有相应行为的犬占比	OR	95% CI	总 P 值
攻击家庭成员[a]	<5.5	29	1.32	1.05, 2.10	0.02
	≥5.5	21.5	1	NA	
吠声烦扰家庭成员[a,b]	连续变量	34.2	1.08[c]	1.02, 1.12	<0.01
对来访者吠叫或咆哮[a,b]	连续变量	65.4	1.08[c]	1.02, 1.13	<0.01
离家出走（严重问题）	连续变量	9.6	0.93[c]	0.87, 0.98	<0.01
噪音恐惧症[b]	连续变量	52.6	1.04[c]	1.01, 1.08	<0.01
分离焦虑	<5.5	14.2	0.72	0.55, 0.94	0.02
	≥5.5	18.7	1	NA	
性行为[b]	连续变量	27.3	1.05[c]	1.01, 1.09	<0.01
受惊吓时小便[c]	<5.5	9.4	0.74	0.54, 1.01	0.06
	≥5.5	12.3	1	NA	

注：a，仅指公犬；b，结果不具备统计学意义（$P>0.05$）；c，风险比值比/1-绝育月龄下降数。

来源：Spain C. V., Scarlett J. M. and Houpt K. A. (2004). Long-term risks and benefits of early-age gonadectomy in dogs. Journal of the American Veterinary Medical Association, 224 (3): 380-387. ⓒAVMA.

生物学意义

生物学意义通过统计分析获得的关联强度来表现。每一位临床医生或研究人员将决定统计结果生物意义的大小。生物学意义比统计学意义更重要。

> **示例**
>
> 假定每天运动 3h 的马与不常运动马之间的静息心率（结果变量）相差 10%，即心率每分钟有 4~5 次的差异。专业人员需要判断，这种差异是否有生物学意义？也就是说是否有必要为了使马的心率每分钟降低 4~5 次，而让它们每天运动 3h。

再如（完全虚构的），与手机放在同一个包里（风险因素）和不放在同一个包里的吉娃娃的骨肉瘤发病率（结果变量）相差 10%。这个差异具有生物学意义吗？对于那些把手机和吉娃娃放在同一个包里的畜主来说，是否会为了减少吉娃娃 10% 的骨肉瘤发病率，不把手机和吉娃娃放在同一个包里？

有趣的是，您接触的每一位畜主都会评估您呈现给他/她的每件东西的生物学意义。参与调查的吉娃娃主人们往往会质疑我们的建议，并从其在成本、投资回报、动物健康等方面综合衡量这些建议的生物学意义。

生物学意义回答了"是否有必要做 X 以达到 Y 效果"的问题。

希望在了解了本章知识后，您可以确定一项研究的结论是否可靠，可否利用这些信息来帮助到您的病患。

第四章 研究设计

研究方法至关重要，其直接决定了研究结果是否存在偏倚、能否适用于其他群体。

> **示例**
>
> 假设一研究人员用2～5岁阉割过的比格犬（一种典型的研究品种），研究了犬的体重和身体状况（BCS）对骨骼完整性和关节炎的影响。一位临床医生想将该研究结果应用到一只怀孕的7岁圣伯纳德母犬身上。考虑到阉割犬和怀孕母犬在骨骼生理（即钙和磷）方面的差异，这样外推研究结果是否合理？一项仅针对比格犬的研究结果是否适用于其他犬种？

研究设计可以根据几个特点进行分类。一种分类方法是将研究设计分为无人为干预的观察性研究和施加干预的研究。临床试验是前瞻性研究，在观察或测量到结果之前开始。回顾性研究，是在暴露因素产生影响并观察或测量到结果之后开始。此外，研究设计需要统计分析来比较风险因素及其对结果的影响时，为分析性研究；对一个群体情况进行简要描述时，为描述性研究。图4.1为不同研究设计之间的关系，图4.2给出了信息流向情况。

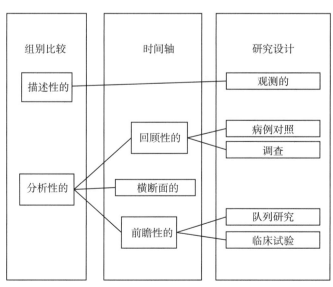

图 4.1 研究设计分类

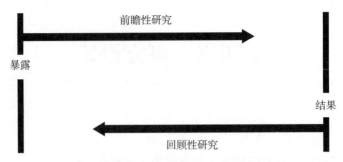

图 4.2 前瞻性和回顾性研究中信息流向比较

好的研究设计是做好统计分析的基础。

回顾性研究

回顾性研究的特点是根据已知疾病状态将群体分为病例组和对照组。回顾性研究是基于研究对象现有疾病状态，回溯评估过去的某个或某些时间点是否暴露于特定风险因素。研究的基础是研究对象暴露和结果的记录。

病例对照研究

"病例"是指出现了所关注结果的动物，对照是未出现所关注结果的动物。明确区分不同研究组至关重要，也就是说需要明确各组的纳入和排除标准，以便能够使用同样的标准重复该研究，或评估该研究结果是否适用于他们的病患。显而易见的是，每个研究组的定义最好与理想状态尽可能接近。

> **示例**
>
> 例如，在一项猫糖尿病的风险因素研究中（Sallander et al.，2012），病例被定义为至少出现 10 种典型糖尿病症状之一（多饮、多尿、多食、体重减轻、步态异常、嗜睡、呕吐、虚弱、厌食或昏迷），以及空腹高血糖（＞10mmol/L）和高果糖胺水平（＞400μmol/L）之一的猫。对照组定义为同一数据库中在医院进行定期健康检查或疾病预防而记录在案的猫。对照组按年龄与病例配对。
>
> 显然，各组的定义并不一定绝对理想，但它是清晰且可以重复的。在这项研究中，病例更详细的定义应至少具备 10 种典型的糖尿病症状中的 5 种。而对于对照组的要求则更多，如对照组的猫应与病例猫的一些特征尽量匹配，并且尽可能食用相同类型的食物（表 4.1），以消除潜在风险因素对结果的影响。

表 4.1 病例组与对照组食品摄入情况比较

| 食品类型 | 病例（$n=20$） | | | 对照（$n=20$） | | |
| | 构成比
是（%）[a] | 构成比（占全部摄入的
百分比，DM/d）[a,b] | | 构成比
是（%）[a] | 构成比（占全部摄入的
百分比，DM/d）[a,b] | |
		中位数（%）	范围（%）		中位数（%）	范围（%）
干性食品	85	44	0～100	85	79	0～100
罐头食品	70	48	0～100	75	20	0～100
桌餐	65	10	5～30	80	6	1～20
维生素/矿物质	40	—		25	—	
接受治疗的	10	—		20	—	

注：a，Fisher 确切检验 $P \leqslant 0.05$。b，计算所给食物的比例（干性物质含量 g/d），干性食品中干性物质估计为 90%，罐头和桌餐食品干性物质估计为 20%。

来源：Sallander M.，Eliasson J. and Hedhammar A.（2012）. Prevalence and risk factors for the development of diabetes mellitus in Swedish cats. Acta Veterinaria Scandinavica，54：61.

从结果的角度看，"对照"是指未出现所关注结果的动物；从风险因素的角度看，是指未暴露于风险因素的动物，它们是作为基线水平与病例组或干预组作比较。这里对"病例"的定义与第二章一致。

病例对照研究的局限性

研究是基于结果往回追溯风险因素，难以确定暴露因素与结果的因果关系（见第五章）。另外，病例对照研究需要非常详细的记录，获取既往信息时，易造成回忆偏倚。

病例对照研究的优点

我们在研究开始就知道纳入对象的结局，这能够保证两组都有足够的样本量，适用于罕见病的研究，与前瞻性研究相比，成本更低。

示例

如果是一项前瞻性研究，对一种发病率为 1/1 000 动物-日的疾病进行研究，至少需要对 1 000 动物-日进行评估，以观察到一个病例。这可在以下两个极端之间的任何情况下实现：

观察 1 只动物 1 000d

观察 1 000 只动物 1d

这样只能获得一个病例，但回顾性研究可以找寻已有的多个病例，并与对照组进行对比，通过确定病例组中暴露于可疑风险因素的占比比对照组更多，来验证风险因素与结果的关系。

问卷调查

问卷调查是一种非常有用的方法，可从一个来源收集到大量信息，通常用于回顾性研究。当然，通过设计合理的问题，调查也可用于其他类型的研究。问卷调查经常被滥用，导致信息不完整或无用，无法对其进行分析。当我们谈到调查的主要特征时，请回想一下您最近参与的调查。

有很多专门介绍如何正确开展调查的书籍，在此不深入阐述。实施和评价一项调查时，应重点考虑以下几点：

• 问题应有客观且具体的答案作为选项，涵盖所有可能且彼此不重叠。

> **示例**
>
> 假如问题是"您把马拴在哪里"，调查提供的选项是"牧场""圈舍""马厩"和"其他"。如果受访者仅有几匹马，头脑中对上述场地没有明确界定，可能很难在圈舍和马厩之间作出选择。此外，部分时间放牧的马不符合答案中的任何类别，其主人可能会选择"其他"。那么，当研究饮用草上露水感染寄生虫的问题时，可能会使研究结果产生偏倚。考虑到这一点，我们可以设计一个更好的问题，"当草地上有露水的时候，您是否会在清晨或傍晚放牧"。最简单的答案是"是"和"否"。也可以设定复杂一些的答案，如"从不""每周一次或更少""每周 2~4d"和"每周 4d 以上"来半量化风险。

• 应避免使用开放式问题，选择题可以更好地进行分析，因为它为每个参与者提供了相同的答案。

> **示例**
>
> 如果问题是"犬是白色的吗"答案只能是"是"或"否"。但是，如果改问"犬是什么颜色的"，我们可能会得到一些诸如"米色""奶油色"甚至其他与白色相差甚远的答案。

只需回答是或否的问题是最好的一类问题。如果会出现"可能"或"看情况"这类答案，那么应重新设计问题。

• 应避免提出会有多种答案或者复合答案的问题。

• 在问题和答案中都应避免使用"可能""经常""有时"和"适当"等可以有不同解释的词汇。

> **示例**
>
> 在"马厩是否定期适当打扫"的问题中，"定期"和"适当"到底是什么意思？一年打扫一次的圈舍是定期打扫的，但这可能不合适。如果认为一年打扫一次是合理的但不是经常性的，那么这个问题的答案应该选"是"还是"不是"？

•不宜在问题中对信息进行分类。相反，应尽可能的获取定量信息，在分析时再进行适当的分类。如果仅记录了分类数据则很难恢复为连续型数据。

•问题的数量尽量控制在最少，避免被调查者因疲劳和失去兴趣，填报不可靠的信息。

•问题设置顺序应符合逻辑，以免使答题者产生困惑。

示例

一项关于犬难产的研究（Linde Forsberg and Persson，2007）中通过调查收集信息（图 4.3）。问题 1 和 2 几乎涵盖了所有可能的选项。然而在问题 3 中，作者将 X 光检查和超声检查放在了一起，但"死胎/胎儿"的选项不适用于 X 光检查，而其他选项又很模糊（如少数幼崽是多少只）。该调查问卷只有一页，填写起来很容易，可能有助于提高应答率（研究中没有报道）。

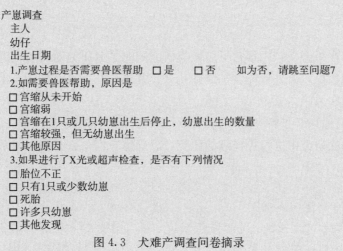

产崽调查
主人
幼仔
出生日期
1.产崽过程是否需要兽医帮助　□是　　□否　　如为否，请跳至问题7
2.如需要兽医帮助，原因是
□宫缩从未开始
□宫缩弱
□宫缩在1只或几只幼崽出生后停止，幼崽出生的数量
□宫缩较强，但无幼崽出生
□其他原因
3.如果进行了X光或超声检查，是否有下列情况
□胎位不正
□只有1只或少数幼崽
□死胎
□许多只幼崽
□其他发现

图 4.3　犬难产调查问卷摘录

来源：Linde Forsberg F. C. and Persson G.（2007）. A survey of dystocia in the boxer breed. Acta Veterinaria Scandinavica，49：8.

问卷调查的局限性

与其他回顾性研究一样，对历史信息的调查可能产生回忆偏倚；受访者可能有意或无意地过滤答案（他们只是忘记了）。另一个局限是，由于曲解了问题，或者没有完全符合的选项，受访者选择了最接近的选项。

示例

在一项研究中，就兽医去农村实践的原因进行了调查（Villarroel et al.，2010），大家对农村实践的构成理解完全不同。大多数受访者（93.4%）将农村实践定义为开展与农业社区相关的工作。这意味着 6.6% 的受访者以不同的方式定义结果，因此，这一组的结果可能无法与其他组直接比较。我们本可以明确定义农村实践，但我们又对受访者的理解情况感兴趣。因此，为了便于分析，确保可比性，可以只对以同样方式理解农村实践人群的结果进行分析。

在这项研究中，研究者询问了调查对象何时对农村实践产生了兴趣，并根据教育水平差异对答案进行分类：初中及以下、高中、本科、兽医学校或研究生，并设置了"其他"，2.2%的受访者选择了这一项。研究目的是确定他们何时建立的兴趣，但是设立的选项并不适合那些在研究生毕业后农场工作1~2年中建立起对农村实践兴趣的最后成为兽医的人。

问卷调查研究的优点

问卷调查可以一次收集大量信息，同时了解多种风险因素。调查不需要对动物进行测量，所以费用相对较低。

横断面研究

横断面研究在兽医文献中很常见。该类研究同时了解研究对象的结果和风险因素。为了收集足够多的数据，研究可能会扩展到几天、几周、几个月、甚至几年但每只动物只取样一次，同时获取风险因素和结果信息。因此，可能无法得出因果关系的结论（见第五章）。横断面研究适用于了解一种疾病的流行率，并确定与结果高度相关的潜在风险因素，我们可以在前瞻性研究中进行更详细的研究，以确定它们是否有因果关系。

示例

在一项赛马胃溃疡的研究（Vatistas et al.，1999）中，作者探讨了赛马胃溃疡与几种可能的风险因素之间的关系。按照试验方案（图4.4），在进行内窥镜检查的同时获得了血样。因此，结果（胃溃疡评分）与所有可能的风险因素变量（血液学指标）同时测量，无法判断溃疡发生与血液学指标变化的时间顺序。

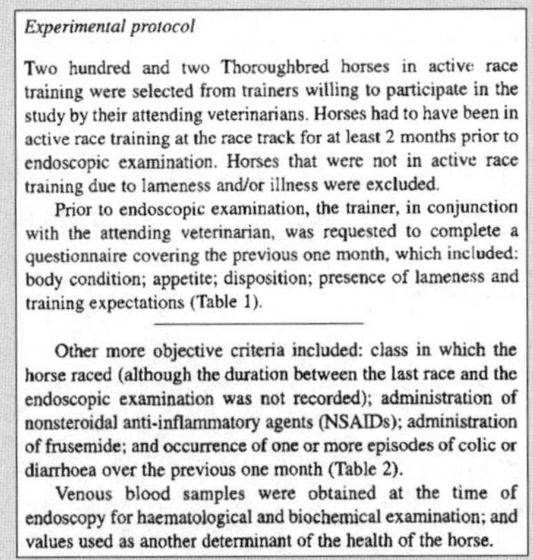

Experimental protocol

Two hundred and two Thoroughbred horses in active race training were selected from trainers willing to participate in the study by their attending veterinarians. Horses had to have been in active race training at the race track for at least 2 months prior to endoscopic examination. Horses that were not in active race training due to lameness and/or illness were excluded.

Prior to endoscopic examination, the trainer, in conjunction with the attending veterinarian, was requested to complete a questionnaire covering the previous one month, which included: body condition; appetite; disposition; presence of lameness and training expectations (Table 1).

Other more objective criteria included: class in which the horse raced (although the duration between the last race and the endoscopic examination was not recorded); administration of nonsteroidal anti-inflammatory agents (NSAIDs); administration of frusemide; and occurrence of one or more episodes of colic or diarrhoea over the previous one month (Table 2).

Venous blood samples were obtained at the time of endoscopy for haematological and biochemical examination; and values used as another determinant of the health of the horse.

图4.4 赛马胃溃疡研究的试验方案

来源：Vatistas N. J.，Snyder J. R.，Carlson G.，Johnson B.，Arthur R. M.，Thurmond M.，Zhou H. and Lloyd K. L.（1999）. Cross-sectional study of gastric ulcers of the squamous mucosa in thoroughbred racehorses. Equine Veterinary Journal，Supplement，29：34-39. © Wiley.

横断面研究的局限性

当我们忽略或不了解种群动态情况时，选择动物样本可能无法代表整个种群。无法了解潜在风险因素与结果出现的时间先后顺序，也就无法确定二者之间是否存在因果关系（见第五章），除非是基因特征，如性别或繁殖情况。横断面研究通常使用调查研究，如之前所述，这种调查有其局限性。

> **示例**
>
> 人类互动给肯尼亚斑点鬣犬带来的潜在压力源（Van Meter et al.，2009）的研究，剔除了出生在所研究种族内的成年公鬣犬，因为其行为和生理特征与外来公鬣犬不同。这种情况下，剔除这组动物可能会使结果产生偏倚，使其不能代表整个种群。

横断面研究的优点

横断面研究可以同时探索多种风险因素，特别是那些由基因决定的因素，如性别和品种等。若不用问卷调查，只通过检测获取数据，可避免潜在的回忆偏倚。

前瞻性研究

前瞻性研究（prospective studies）也被称为**纵向研究**（longitudinal studies），其最重要的特点是，研究动物都未患所研究的疾病，根据是否暴露于特定的危险因素，将研究对象分为研究组或对照组。观察动物一定时间，确定其是否出现结果。因此，队列研究的主要结果是疾病发病率。

前瞻性研究可以控制混杂变量，同时，可以通过设定明确的标准区分不同特性的组别，避免出现重叠或错误分类。因此，设定明确的研究动物纳入和剔除标准十分重要。

队列研究

一个**队列**是指从研究开始就处于同一时间段的动物组别。在队列研究中，会通过对一组动物进行一段时间的随访，计算疾病发病率和潜在危险因素（表 4.2）。通过观察多个队列，可确定各组间发病率是否存在差异，也可以作出疾病是否有季节性的推论。队列研究是典型的观察性研究，不施加干预。然而，由于这类研究昂贵且无法预测，所以兽医方面的队列研究文献很少。使用相同的资金，也可开展控制暴露情况的临床试验。当然，由于无法对野生动物施加干预，队列研究仍然是针对该群体开展研究的最佳选择之一。

表 4.2 不同观察期犬呕吐发生率的队列研究

品种	观察期					
	7 周至 3 个月	3～4 个月	4～6 个月	6～12 个月	12～18 个月	18～25 个月
	19/209	17/194	19/181	12/153	6/131	4/110
LEO	9.10%	8.80%	10.50%	7.80%	4.60%	3.60%
	(5.9%～13.8%)	(5.5%～13.6%)	(6.8%～15.8%)	(4.5%～13.2%)	(2.1%～9.6%)	(1.4%～9.0%)
	9/137	2/129	1/123	0/100	2/85	1/60
NF	6.60%	1.60%	0.80%	0%	2.30%	1.70%
	(3.5%～12.0%)	(0.4%～5.5%)	(0.1%～4.5%)	(0.0%～3.6%)	(0.6%～8.2%)	(0.3%～8.9%)
	11/148	13/144	10/140	7/122	5/87	7/90
LR	7.40%	9.00%	7.10%	5.70%	5.70%	7.80%
	(4.2%～12.8%)	(5.4%～14.8%)	(3.9%～12.6%)	(2.8%～11.4%)	(2.5%～12.8%)	(3.8%～15.2%)
	2/81	5/79	5/70	4/55	2/45	0/34
IW	2.50%	6.30%	7.10%	7.30%	4.40%	0%
	(0.7%～8.6%)	(2.7%～14.0%)	(3.1%～15.7%)	(2.9%～17.3%)	(1.2%～14.8%)	(0.0%～10.3%)
	41/575	37/546	35/514	23/430	15/348	12/294
总计	7.10%	6.80%	6.80%	5.30%	4.30%	4.10%
	(5.3%～9.5%)	(5.0%～9.2%)	(4.9%～9.3%)	(3.6%～7.9%)	(2.6%～7.0%)	(2.4%～7.0%)

注：根据年龄将研究对象分为 6 个组，报告了每个组的发病率及 95% 置信区间。发病率计算以呕吐的次数为分子，以该组观察期内呕吐总报告次数为分母。

来源：Saevik B. K. , Skancke E. M. and Trangerud C. （2012）. A longitudinal study on diarrhoea and vomiting in young dogs of four large breeds. Acta Veterinaria Scandinavica，54：8.

队列研究的局限性

因为很难估计观察多少动物或者观察多长时间才会出现研究结果，所以队列研究耗费财力大。此外，有些动物会因离开研究区域、被售卖、场主不愿参加或不遵循参与规则、动物出现与研究不相容的情况，或死于与研究条件无关的原因而失访，影响研究结果。

> **示例**
>
> 对影响热带草原上非洲幼狮存活的因素开展研究。队列研究需要识别怀孕的狮子，并在不施加干预的情况下准确了解它们何时产崽以及它们产多少幼崽（因为如果母狮攻击或意外踩到幼崽，可能会影响结果）。每只幼崽需被跟踪一段时间，以记录它们能否幸存。假如在研究过程中，研究人员跟踪时，吉普车碾压死其中一只幼崽，那么这只幼崽应该被剔除还是算作本研究中未能幸存的幼崽？

队列研究的优点

尽管对低发病率疾病来说，队列研究费用昂贵（因为需要很多观察样本），但队列研究仍是了解发病率的最佳方法。

临床试验

也称现场试验，属于前瞻性研究。通过人为控制试验条件，对各组施加不同干预措施。临床试验借助统计分析比较各组结果，评估干预措施的影响，是现代兽医文献中最常见的研究设计。

临床试验和队列研究都属于前瞻性研究，二者的主要区别有两点：一是临床试验需要对研究组人为施加干预措施，而在队列研究中，危险因素是自然发生的，并且是观察得到的；二是临床试验可以设定严格的纳入和剔除标准，而队列研究在暴露方面的设定没有临床试验那么明确。

临床试验设计方案应尽可能详细，便于读者重复。如图 4.5 所示，绘制流程图是一个好方法（如选择过程、处理应用、采样和测量），便于在施加多种干预措施的情况下，确定方案的时间表（图 4.6）。

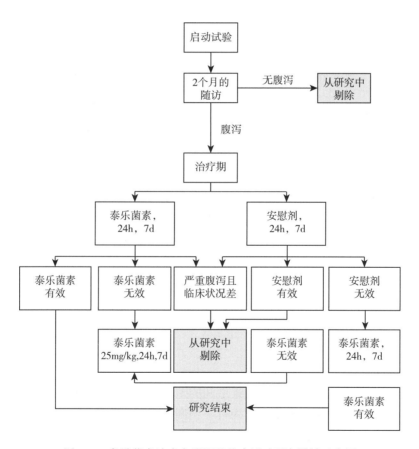

图 4.5　泰乐菌素治疗犬腹泻的临床试验研究设计示意图

来源：Kilpinen S.，Spillmann T.，Syrja P.，Skrzypczak T.，Louhelainen M. and Westermarck E.（2011）. Effect of tylosin on dogs with suspected tylosin-responsive diarrhea：a placebo-controlled，randomized，double-blinded，prospective clinical trial. Acta Veterinaria Scandinavica，53：26.

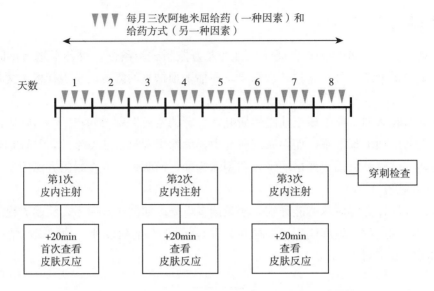

图 4.6　阿地米屈对犬皮肤影响的临床试验研究设计示意图

来源：Cerrato S. ，Brazis P. ，Della Valle M. F. ，Miolo A. and Puigdemont A. （2012）. Inhibitory effect of topical adelmidrol on antigen-induced skin wheal and mast cell behavior in a canine model of allergic dermatitis. BMC Veterinary Research，8：230-238.

临床试验基于研究假设来制定。也就是评估研究组和对照组之间在某方面的差异。而统计分析通常建立在否定组间没有差异的**零假设**基础之上。当阅读研究性文章时，通常还会看到有"**备择假设**"。

临床试验的局限性

临床试验的主要局限是研究的预算。临床试验往往费用昂贵，因为可能要通过筛选大量动物，才能找到符合标准的研究对象，且通常会因为要完备的记录来控制所有可能对结果产生影响的风险因素，对动物施加干预，耗费大量财力。

临床试验的优点

临床试验是证明潜在风险因素与结果之间因果关系的最佳方法。

抽样策略

一旦确定研究类型，就应确保研究组之间的差异是单独由于风险因素而非其他原因所致。随机抽样，即每只动物进入研究组的机会相同，是减少组间动物差异的最佳方法。实现随机的最好方式是使用随机数字生成器，将动物随机分配到研究组。网上有免费的随机数字生成器，Microsoft Excel® 也有生成随机数的函数。

- Excel 中最简单的随机数字生成函数为：

$$= RAND（）\qquad\qquad（式4.1）$$

此公式会生成一个介于 0 和 1 之间的随机数，小数位数按需要设置。如果数字设定为整数（无小数点），此公式将生成 0 或 1。该函数适用于只有两组的研究。

• Excel 中最实用的随机数生成函数为：

$$=RANDBETWEEN（x，y）\qquad\qquad（式 4.2）$$

其中 x 和 y 是需要设定的数字。此公式生成的数字是介于 x 和 y 之间的整数。该函数适用于两个以上组的研究。

随机抽样能使性别、年龄和品种等可能引起偏倚的因素在组间均衡分布。这就是为什么随机抽样非常适用于临床试验研究。但随机抽样有时无法实现，在这种情况下，其他抽样策略尽管达不到随机抽样的效果，但也能减少组间差异。以下是一些常见的抽样策略，但需要强调的是，它们不是完全随机的，可能会产生偏倚。

系统抽样

系统抽样是以相等的间隔将动物纳入一个研究组；如果只有两个研究组，最常见的操作方式是，一只动物被抽到纳入一个组，下一只抽中的动物纳入另一个组。当有两个以上研究组时，每只被抽中的动物按既定顺序进入各组，并始终遵循相同的原则（A 组、B 组和 C 组）。

> **示例**
>
> 例如，开展一项临床试验，目的是比较碘酒和洗必泰对犬伤口的治疗效果。就诊犬可交替使用碘酒或洗必泰。如果研究还将过氧化氢作为第三个研究组进行比较，则系统抽样策略就需要将每只新就诊的犬系统地分配到下一个组中，顺序始终相同。例如，A 组使用碘酒、B 组使用洗必泰、C 组使用过氧化氢。

研究对象是马时，通常会采用系统抽样，特别是马来源地很多的时候。例如，将第一匹马分配到治疗组，第二匹分配到对照组，第三匹分配到治疗组，以此类推。

使用某种已分配给动物的数字标识，如耳标号或芯片号等将动物分配到各组内，经常被误认为是随机抽样，其实这是一种系统抽样策略。如将偶数标识的动物放入一组，奇数标识的动物放入另一组。虽然这种方法可以减少偏倚，但不能将之与随机抽样混淆。

分层抽样

分层抽样是指将总体按其属性特征（如年龄、品种、性格或用途等）分成若干类型或层，然后在类型或层中随机抽取抽样单位。每层内的动物可随机分配到治疗组或对照组，也可以按照系统或便利的方式分配到治疗或对照组。

便利抽样

便利抽样是指在调查过程中依据便利原则，自行确定抽取抽样单元进入研究组。例如，将每天上午就诊的前 5 只或 10 只犬作为样本。然而，这些动物很可能有某些共同的特征，使其与整个种群区别开来，如其主人以退休人员为主，由于没有其他的家眷，这些人在宠物身上花费更多的时间、精力和资源。

示例

假设有一项关于运动对犬肥胖影响的研究，采取便利抽样策略，将每天早上和下午第一批进入诊所的 5 只犬作为样本。研究要求治疗组犬每天需额外锻炼 30min，而对照组犬无需改变习惯。若上午就诊犬的主人都是 70 多岁的退休老人，30min 的运动基本是在公园里漫步，而下午就诊犬的主人可能是恰好没有课的大学生，他们是带犬来免疫接种的。大学生可以在公园里玩飞盘或带犬出去跑 5 070m 作为额外锻炼 30min 的内容。这项研究很可能会导致结果偏倚，额外的锻炼无助于控制肥胖。

另一个便利抽样的例子是以接受救援的野生动物为研究对象，因为该类野生动物的样本容易获取。但因为某些原因，它们更易被路上的车辆撞倒或被捕获，所以它们难以代表群体。在采用半封闭方式饲养动物的农场，从围场或牧场进入围栏的前 10 匹马或奶牛最有可能是领头动物，而体弱多病的可能是最后一批。由于可能存在一个或多个混杂因素，一般不采用便利抽样（见第二章）。

第五章 因果关联与统计关联

理解因果关联与统计关联之间的区别非常重要。它将决定哪些风险因素只是偶然存在关联，哪些风险因素则是真正病因，需要深入研究。

最常用来表示因果关联和统计关联之间区别的例子来自人类医学文献。1965年，医学统计学教授奥斯汀·布拉德福德·希尔爵士概述了病因的确定方法（Hill，1965），使用的例证来自医学文献，如来自外科医生总会吸烟与健康咨询委员会的报告。在这份报告中，吸烟和饮酒与肺癌均显示出显著的相关性。然而，就像我们现在知道的一样，只有吸烟是肺癌的一个因果风险因素。饮酒与肺癌呈正相关是因为很多吸烟者也会饮酒。

兽医文献中的一个例子是饲喂犬粮的猫会发生视网膜退化（Aguirre，1978）。然而，也有报道称，饲喂犬粮的猫未发生视网膜退化。该病的病因是牛磺酸缺乏，这是一种商品犬粮中不常用的氨基酸。因此，犬粮并不是问题所在。一些商品犬粮中含有少量的牛磺酸，同时饲喂剩饭剩菜或其他食物就可能会防止视网膜退化。

关联是两个变量（不一定是风险因素和结果）之间可测量的关系。因果关联是发生在一个风险因素和结果之间可测量的关系，意味着该因素的存在导致结果的发生。那么使得风险因素不再只是与疾病关联，而是成为病因的鉴别特征是什么呢？我们将按照外科医生提供的步骤，用类比病因与刑法的方法，举例阐述（Evans，1978）。

判断因果关系的希尔准则

时间关联

这是将风险因素视为病因最重要的标准。病因应在观察结果之前出现。一个只在预期结果被诊断出来后才观察到的风险因素是不可能成为病因的。就像刑法一样，如果嫌疑人和受害人或犯罪现场的联系只能确定在罪行发生后而不是之前，就不能确定嫌疑人是罪犯。

示例

假设一项关于野猫狂犬病疫苗接种期间猫肉瘤发病率的研究。任何在接种疫苗时被诊断为肉瘤的猫都不能被认为是接种引起，因为肉瘤已经存在。这并不意味着疫苗不能与其他群体的肉瘤联系起来（我们知道这是正确的），这只是意味着在特定的野猫群体中，不太可能是疫苗导致了肉瘤，因为野猫在患肉瘤之前是不太可能接种疫苗的。

这看起来有点笨，但当我们在新情况下试图建立因果关系时，会大有不同。值得注意的是，兽医文献中最常见的回顾性研究和横断面研究（见第四章），不适用于因果关系确立，因为这些研究很难确定潜在的病因是否在结果或者疾病之前就已存在。建立因果关系，需在研究开始时使用无病动物，并随时间进行随访确定它们是否以及何时患病。否则，这种情况就像是"先有鸡还是先有蛋"。

> 时间关联：在观察结果之前必须存在一个因果风险因素。

关联的强度

要确定是因果关联，风险因素需要与结果有较强的关联性。较弱的相关性可能提示风险因素和结果在某些动物身上同时出现是因为偶然。我们将在本章的第二部分学习如何判定关联的强度。

关联的稳定性

风险因素和结果之间的关系需要在不同的时间、不同的研究中和不同的环境下保持一致性和可重复性。如前所述，不一致的关联很可能表示潜在的危险因素和研究的结果并不是真的相关，而是偶然地同时出现在一些动物身上。这就是为什么重复研究和寻求一致性很重要。不同的研究得出不同的甚至相反的关于潜在风险因素和研究结果的结论并不罕见，很可能是因为有其他混杂因素影响（见第二章）。

> **示例**
>
> 多项研究表明，接种疫苗与注射部位的纤维肉瘤之间存在关联。相比其他疫苗，这种关联似乎在狂犬病疫苗和猫白血病（FeLV）疫苗接种中更具有一致性（Kass et al.，1993）。因为疫苗接种部位和肿瘤存在一致性关联，曾建立专门工作组来拟定疫苗接种部位指南。该指南建议，在右后腿注射狂犬病疫苗（尽可能在远端），左后腿（尽可能在远端）接种 FeLV 疫苗，在右肩避开中线或肩胛部位接种其他疫苗。建议考虑两点：①查明肿瘤的病因；②肿瘤发生后可进行截肢，以挽救动物生命。

如果这种关联是因果关联，那么应该可以通过干预来控制结果。这是 Koch 假设的基础之一。此外，消除因果风险因素应能预防或减少事件发生的风险。

> **示例**
>
> 继续以肉瘤为例，肉瘤应该可以通过不注射接种疫苗来预防。然而，还有其他原因可致肉瘤产生，即使我们不给猫注射接种疫苗，降低了发病率，肉瘤仍会发生。

重复研究并找到一致的结果，是保证被识别的风险因素与研究结果真实相关的最好方式。

关联的特异性

关联的特异性是指风险因素与主要研究结果，而不是与其他结果相关这一事实。这条规则很灵活，但也在意料之中，因为我们知道一些偶然因素可以导致多个结果。

> **示例**
> 犬细小病毒可以是幼犬腹泻和心脏疾病的病因。在医学上，这被认为是同一疾病的两种不同症状，但在流行病学上，它们是与同一病原体相关的两种不同结果。

剂量反应（效应关系）

这条规则并不适用于所有情况，但当它出现时，它确实能够识别风险因素。剂量反应在已有风险因素的数量与观察结果的数量之间建立了一种关系。它可能是一个直接的关系：增加风险因素的数量会增加结果出现的频率。例如，犬摄入的防冻剂越多，对肾脏的伤害越大。它也可以是一个负相关，在这种关系中增加风险因素数量会降低结果的数量，或降低风险因素的数量会增加结果的数量。例如，胰岛素剂量越大，血清中葡萄糖浓度越低。

> **示例**
> 例如，在一项关于拳师犬难产的研究（Linde Forsberg and Persson，2007）中，作者报道母犬难产的频率随着其年龄的增加而增加（图 5.1）。
>
>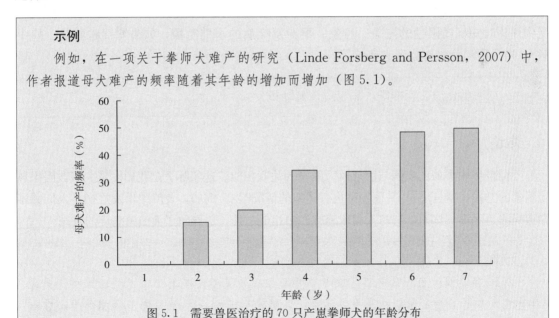
>
> 图 5.1 需要兽医治疗的 70 只产崽拳师犬的年龄分布
>
> 来源：Linde Forsberg F. C. and Persson G.（2007）. A survey of dystocia in the Boxer breed. Acta Veterinaria Scandinavica，49：8.

一项重组组织型纤溶酶原激活剂对马血栓溶解的影响研究中有相反的剂量反应的例子。在这项研究中，作者发现高剂量的纤溶酶原激活剂会导致血栓重量不断降低（图5.2）。

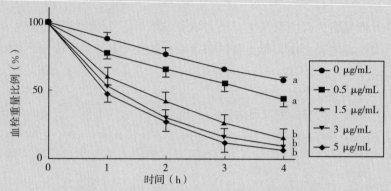

图5.2　根据疫苗接种次数变化的相关肿瘤风险

来源：Kass P. H.，Barnes W. G.，Jr. Spangler W. L.，Chomel B. B. and Culbertson M. R.（1993）. Epidemiologic evidence for a causal relation between vaccination and fibrosarcoma tumorigenesis in cats. Journal of the American Veterinary Medical Association，203：396-405. ©AVMA.

生物学合理性

因果风险因素与结果之间的关系需存在生物学意义。在外科医生关于人类肺癌的例子中，与饮酒的关联似乎不是合理的，然而与吸烟的关联是合理的。但是，这项准则可能会受到评估时知识局限性的掩盖。想象一下新发疾病的早期阶段，如牛海绵状脑病（疯牛病）、西尼罗河病毒感染及犬流感等。

用刑法类比埃文斯准则，罪犯应该有动机。

类比

不同群体中类似的疾病与因果风险因素的关联相似。这实际上是我们发现大多数因果风险因素的方式；换言之，"其他物种也有类似的情况吗？"例如，犬流感暴发之初，人们并不知道病因是病毒。然而，它与人类流感有许多相似之处，这导致了犬流感病毒的发现。

示例

2010年，澳大利亚的一匹马在6个月前注射马流感疫苗的部位发现纤维瘤。虽然由免疫反应导致的纤维瘤在马中并不常见，考虑到与猫免疫相关肉瘤的相似性，在这个案例中疫苗被认为是诱因。虽然这是个单一的例子（不是群体发生），但一旦在马中发现潜在的风险因素，就可能变成一项更常见的诊断。

关联的测量

在流行病学中有几种关联的测量方法，但了解文献中常用的测量方法将使您能够理解研究并帮助您解释结果，这样您就可以将它们应用于日常工作。在文献中有两个常用的测量方法，比值比（OR）和相对风险（RR）。另外，鉴于归因风险（AR）在暴发调查中的重要性，我们将会在第七章讲述。

流行病学家经常使用 2×2 表格（表 5.1）。2×2 表格是变量的交叉列表，将结果变量作为列变量，研究的风险因素作为行变量。其中，

- a 是暴露于该风险因素并患病的动物数量。
- b 是暴露于该风险因素但未患病的动物数量。
- c 是未暴露而患病的动物数量。
- d 是未暴露且未患病的动物数量。

为了避免在列和行上混淆"是"和"否"，最好将该表设置为患病（Dz）和未患病（No-Dz）或暴露和未暴露（表 5.2）。您可以选择任何喜欢的术语，但是我们建议选择不同于"＋"和"－"的词，因为通常情况下这些术语用于诊断检验结果的描述（见第六章）。

表 5.1　风险因素分析（2×2 表）

		患病状态		
		是	否	
风险因素	是	a	b	$a+b$
	否	c	d	$c+d$
		$a+c$	$b+d$	合计

表 5.2　风险因素分析的简化设计（2×2 表）

		患病（Dz）	未患病（No-Dz）	
风险因素	是	a	b	$a+b$
	否	c	d	$c+d$
		$a+c$	$b+d$	合计

一旦您清楚了这个设置，您就可以检验任何风险因素。重要的是要记住，被研究的群体中的所有动物都必须包含在表格中，作为暴露组或未暴露组的一部分。

示例

本研究的目的是检验放牧（风险因素）与肌肉骨骼损伤（结果或疾病）之间的关联，2×2 表的设置见表 5.3。

表 5.3 放牧作为马受伤的风险因素分析（2×2 表）

		受伤	正常	
	放牧	a	b	$a+b$
风险因素	不放牧	c	d	$c+d$
		$a+c$	$b+d$	合计

另一种形式的 2×2 表见表 5.4。

表 5.4 放牧作为马受伤的风险因素分析（2×2 表，另一种形式）

		受伤	正常	
	是	a	b	$a+b$
放牧	否	c	d	$c+d$
		$a+c$	$b+d$	合计

表中将风险因素放于表格最左侧，更容易识别，而且每个 2×2 表看起来都很相似（风险因素的是/否），更易遵循。

为检验多于 1 只宠物（风险因素）与犬行为问题（结果）之间的关联，具体 2×2 表见表 5.5。

另一种形式的 2×2 表见表 5.6。比值比的可视化计算见表 5.7。

表 5.5 "家里有多只宠物"作为犬行为问题的风险因素分析（2×2 表）

		不正常	正常	
	家有多只宠物	a	b	$a+b$
风险因素	家有一只宠物	c	d	$c+d$
		$a+c$	$b+d$	合计

表 5.6 "家里有多只宠物"作为犬行为问题的风险因素分析（2×2 表，另一种形式）

		不正常	正常	
	是	a	b	$a+b$
多只宠物	否	c	d	$c+d$
		$a+c$	$b+d$	合计

表 5.7 比值比的可视化计算

		疾病状态	
		是	否
风险因素	是	a	b
	否	c	d

2×2 表格可用于评估任何风险因素。

比值比

比值比（OR）是暴露动物与非暴露动物患病数比值的比。这是一种比率比，因为比值本身也是一种比，所以也叫比值的比。公式如下：

$$OR = \frac{\text{暴露动物中疾病发生与不发生之比}}{\text{非暴露动物中疾病发生与不发生之比}} = \frac{a/c}{b/d} = \frac{ad}{bc} \qquad (\text{式}5.1)$$

注意，这个公式可以看成是对角相乘，并将一条对角线与另一条对角线相除（表5.7）。

重要的是如何解释结果。换句话说，$OR = X$ 意味着什么？

解释：暴露动物的患病数与未患病数的比值是未暴露动物该比值的 X 倍。

示例

假设我们想要研究赛马行为与马跛行的关系。有100匹马，其中一半参加比赛（风险因素），另一半不参加比赛。我们观察到30匹参赛的马出现跛行，同时只有5匹非参赛马出现跛行。

首先，用已有信息建立2×2表（表5.8）。

表5.8　用关于马跛行研究中的信息建立2×2表

		跛行	正常	
参加比赛	是	30	—	50
	否	5	—	50
		—	—	100

表格中的其他数字可以通过已有的数字计算。计算方法见每个单元格里的括号。完整的表格看起来和表5.9差不多。

表5.9　基于跛行马已有数据计算2×2表中空白单元格

		跛行	正常	
参加比赛	是	30	(50−30)=20	50
	否	5	(50−5)=45	50
		(30+5)=35	(20+45)=(100−35)=65	100

$$OR = \frac{ad}{bc} = \frac{30 \times 45}{20 \times 5} = \frac{1350}{100} = 13.5 \qquad (\text{式}5.2)$$

解释：参加比赛的马发生跛行的比值是不参加比赛的马其比值的13.5倍。

因为 OR 是一个比，它的值在 0 到 ∞ 之间。那么，不同的值意味着什么？

• OR＝1，表示两组（暴露组和非暴露组）患研究疾病的可能性相同。

• OR ＞1，意味着研究变量和疾病之间存在正相关，这意味着暴露动物比非暴露动物更有可能患病；研究变量是风险因素。

• OR ＜1，意味着负相关，表示暴露动物比非暴露动物不患病可能高；研究变量是保护性或预防性的。

> 附注：尽管"preventive"才是正确写法，但我们常看到的却是"preventative"。虽然这个词的来源不明，但常听到人们使用有更多音节，听起来更博学的词（如用"utilizing"代替"using"）。随着时间的推移，它已成为一个常用的术语，并被字典收纳，但考虑到谓语动词是"to prevent"，而不是"to preventate"，因此从语法上讲，使用"preventative"是错误的。读了本文后，请不要再使用错误的术语。

最后一种情况通常出现在评估疫苗效果时，这时，"暴露"组（2×2 表中第一行）为疫苗接种组。

示例

在研究疫苗作为一种保护因素对猫患白血病的影响时（Hines et al.，1991），列出表 5.10。

表 5.10　接种猫白血病疫苗与未接种疫苗的猫病毒血症比较

疫苗编号*	持续的病毒血症（数量/合计）		一过性病毒血症免疫接种数量
	疫苗组	对照组	
1	0/16	4/4	0/16
2	0/11	4/4	1/11
3	1/10	5/5	1/9
4 和 5	2/13	4/5	0/11
6	1/6	4/5	1/5
7（IM）+	2/44	16/22	3/42
7（SC）+	6/44	……	4/38
合计	12/144（8%）	39/45（87%）	10/132（6%）

注：＊每个数字都是单独准备的疫苗。+免疫接种途径。

来源：Hines D. L.，Cutting J. A.，Dietrich D. L. and Walsh J. A.（1991）. Evaluation of efficacy and safety of an inactivated virus vaccine against feline leukemia virus infection. Journal of the American Veterinary Medical Association，199：1428-1430.©AVMA.

表的整体结果在最后一行（合计）中显示。共计有 144 只猫接种了疫苗，对照组有 45 只猫。我们用这些信息建立一个 2×2 的表格（表 5.11）。

表 5.11　利用关于接种白血病疫苗的猫中病毒血症研究的信息建立 2×2 表

		病毒血症	正常	
免疫接种	是	12		144
	否	39		45

表的其余部分可根据已有数据（计算过程见括号内容）来计算（表 5.12）。

表 5.12　基于已有数据计算 2×2 表中空白数据

		病毒血症的	正常的	
免疫接种	是	12	(144−12)=132	144
	否	39	(45−39)=6	45
		(12+39)=51	(132+6)= (189−51)=138	189

$$OR=\frac{ad}{bc}=\frac{12\times6}{132\times39}=\frac{72}{5148}=0.014 \qquad （式5.3）$$

解释：根据该研究，免疫猫患病毒血症的可能性是未免疫猫的 0.014 倍。

当风险因素的 OR<1 时，就称为**保护性风险因素**。然而，这种表达方式有些难理解，因此它常被"转译"为正相关，即通过倒置结果（1/OR），或通过 2×2 表格中风险因素的倒置来实现，"暴露"动物是未接种疫苗的动物。

$$上述例子中，如果倒置 OR=0.014，结果 OR=\frac{1}{0.014}=71.5 \qquad （式5.4）$$

现在的解释应该是"未免疫"猫患病毒血症的可能性是免疫猫的 71.5 倍。

让我们一起转换 2×2 表，通过计算证明结果是相同的（表 5.13）。

表 5.13　假设免疫接种是猫白血病的保护性因素，利用上述研究信息建立 2×2 表

		病毒血症的	正常的	
免疫接种	否	39	(45−39)=6	45
	是	12	(144−12)=132	144
		(12+39)=51	(132+6)= (189−51)=138	189

$$OR=\frac{ad}{bc}=\frac{39\times132}{6\times12}=\frac{5148}{72}=71.5 \qquad （式5.5）$$

解释：未免疫猫患病毒血症的可能性是免疫猫的 71.5 倍。

在转换 2×2 表时，另一种看待问题的方法是假设未接种疫苗的动物较接种疫苗

的动物更容易感染病原体。如果疫苗具有保护作用（如预期），则 OR＞1，更易解释。请注意，接种疫苗对于研究疫病是保护性因素，但也可能是另一种结果的风险因素。

示例

在前述关于猫接种部位患纤维瘤的例子中，如果想要研究接种对患局部肿瘤的影响，用免疫作为暴露因素（第一行）建立 2×2 表（表 5.14）。

表 5.14　评估猫白血病疫苗作为纤维肉瘤风险因素的评估的 2×2 表

		纤维肉瘤	正常的
免疫接种	是	*a*	*c*
	否	*b*	*d*

利用 Kass 等人 1993 年的研究数据，将关于患纤维瘤与多种免疫注射之间关联的信息，列在表 5.15 中。

根据表格第一行与猫白血病关联的数据，建立 2×2 表（表 5.16）。

表 5.15　猫疫苗接种部位肿瘤与其他部位肿瘤的比较

疫苗	病例			对照			OR	95% CI
	暴露	非暴露	未知	暴露	非暴露	未知		
猫白血病*	41	41	22	36	102	37	2.82	1.54～5.15
FVRCP 三联*	50	41	13	66	75	34	1.40	0.80～2.43
肺炎衣原体*	6	66	32	16	103	56	0.54	0.19～1.49
狂犬病*	22	70	12	20	118	37	2.09	1.01～4.31
狂犬病+	7	26	8	17	106	37	1.83	0.65～5.10

注：*颈/肩胛间区纤维肉瘤病例；暴露意味着在颈/肩胛间接种疫苗。+股骨区纤维肉瘤病例；暴露意味着在股骨区接种疫苗。

暴露＝在肿瘤部位接种；CI＝置信区间。

来源：Kass P. H., Barnes W. G., Jr. Spangler W. L., Chomel B. B. and Culbertson M. R. (1993). Epidemiologic evidence for a causal relation between vaccination and fibrosarcoma tumorigenesis in cats. Journal of the American Veterinary Medical Association，203：396-405. ©AVMA.

表 5.16　用上述研究中获取的信息建立 2×2 表

		纤维肉瘤（病例）	正常的（对照）
免疫接种	是（暴露）	41	36
	否（非暴露）	41	102

其中不含暴露因素未知的猫。现在我们计算 OR 值：

$$OR = \frac{ad}{bc} = \frac{41 \times 102}{36 \times 41} = \frac{4182}{1476} = 2.83 \qquad \text{（式 5.6）}$$

可以看出 OR 值与发表文章中表格中第一行的 OR 值很接近。不完全相同的最可能原因是小数点后四舍五入。这一结果显示接种猫白血病疫苗的猫患纤维瘤的风险是未接种猫的 2.82 倍。

与其他疫苗的 OR 值比较，该项研究中显然不是所有疫苗都与纤维瘤的形成有关联。95％置信区间的解释，请查阅第二章中"置信区间"部分。

OR 可用于前瞻性和回顾性研究，因此是兽医文献中最常用于关联测量的指标。

相对风险

相对风险（RR）被定义为暴露动物患病风险（可能性）与非暴露动物患病风险之比。换言之，一个动物在暴露于研究变量时患病的可能性比不暴露时多多少。这是一个比例比。

暴露动物患病风险的计算公式如下：

$$风险_{暴露} = \frac{a}{a+b} \qquad \text{（式 5.7）}$$

非暴露动物患病风险的计算公式如下：

$$风险_{非暴露} = \frac{c}{c+d} \qquad \text{（式 5.8）}$$

一个风险除以另一个风险就可以得到相对风险：

$$RR = \frac{暴露动物患病风险}{非暴露动物患病风险} = \frac{风险_{暴露}}{风险_{非暴露}} = \frac{\dfrac{a}{a+b}}{\dfrac{c}{c+d}} \qquad \text{（式 5.9）}$$

RR 值常见于临床试验研究，动物分两个组，一组暴露于研究变量，另一组不暴露。然后在暴露个体和非暴露个体中计算患病风险。注意这属于队列研究。另外，在横断面研究中也可见计算 RR 值。

示例

表 5.17 是对犬乳腺瘤潜在风险因素的研究统计（Schneider et al.，1969）。该表显示，犬在切除卵巢前的发情周期数量是乳腺瘤的危险因素之一。我们会用"性未成熟"这个词来区分那些在交配前从未表现出发情周期的犬，分析时将表现出一个或多个发情周期的犬放在一起。

和之前一样，用我们已有数据建立 2×2 表（表 5.18）。

现在计算缺失数据（表 5.19）。

表 5.17 绝育前性成熟（发情周期数量）对犬患乳腺瘤风险的影响

绝育前发情周期数量[*]	乳腺疾病病例数		观察到的对照数量	χ^2[△]	RR[△]
	观察到的	期望的[△]			
无	1	15.05	26	37.26	0.005
1	3	9.34	11	12.85	0.08
2 或更多	20	28.69	25	10.06	0.26

注：* 非绝育的：63 个病例，23 个对照；绝育年龄未知：2 个对照。

△期望数量，χ^2（df=1），通过 Mantel-Haenszel 检验，在绝育之前每组分别进行测试，利用年龄对照和许多发情周期的影响计算与从未绝育的母犬之间的 RR；$\chi^2 \geqslant 3.84$ 在 5% 水平及以下是有统计学意义的。

来源：Schneider R.，Dorn C. R. and Taylor D. O.（1969）. Factors influencing canine mammary cancer development and postsurgical survival. Journal of the National Cancer Institute，43：1249-1261.

表 5.18 利用绝育对犬患乳腺瘤影响研究的信息建立 2×2 表

		肿瘤（病例）	正常的（对照）
性未成熟	是（暴露）	1	26
	否（非暴露）	（3+20）=23	（11+25）=36

表 5.19 基于绝育对犬患乳腺瘤影响的已有数据计算 2×2 表中的空格

		肿瘤（病例）	正常的（对照）	
性未成熟	是（暴露）	1	26	（1+26）=27
	否（非暴露）	23	36	（23+36）=59
		（1+23）=24	（26+36）=62	86

$$RR = \frac{\text{风险}_{\text{暴露}}}{\text{风险}_{\text{非暴露}}} = \frac{\dfrac{a}{a+b}}{\dfrac{c}{c+d}} = \frac{\dfrac{1}{1+26}}{\dfrac{23}{23+36}} = \frac{\dfrac{1}{27}}{\dfrac{23}{59}} = \frac{0.04}{0.39} = 0.10 \quad （式 5.10）$$

解释： 在性未成熟时绝育的犬患乳腺瘤的风险是性成熟时绝育犬的 0.10 倍。在这种情况下，我们可以看到犬的早期绝育是乳腺瘤的保护性因素。

和 OR 类似，RR<1 被认为是保护因素，RR>1 被认为是危险因素。如果我们期望研究因素是保护因素，如营养补充剂，疫苗或其他干预措施的研究，可建立反向的 2×2 表（表 5.20）。

表 5.20 利用绝育对犬患乳腺瘤影响研究的信息建立的另一种 2×2 表

		肿瘤（病例）	正常的（对照）
性未成熟	否（暴露）	23	36
	是（非暴露）	1	26

有时，将暴露的名字改为保护因素的反面更为直观，这样风险因素是什么就更明显。

对上述例子来说，可使用"性成熟"或"之前的发情周期"作为暴露变量，而不是使用"性未成熟"作为研究的风险因素（因为已被证明是保护性的），这样解释起来更加清楚。可将暴露和非暴露动物置于2×2表的顶端和底端一行，便于理解（表5.21）。

表5.21　依据上述信息建立的2×2表中暴露变量的另一种表示方式

		肿瘤（病例）	正常的（对照）
性成熟	是（暴露）	23	36
	否（非暴露）	1	26

现在，可以计算RR：

$$RR = \frac{风险_{暴露}}{风险_{非暴露}} = \frac{\dfrac{a}{a+b}}{\dfrac{c}{c+d}} = \frac{\dfrac{23}{23+36}}{\dfrac{1}{1+26}} = \frac{\dfrac{23}{59}}{\dfrac{1}{27}} = \frac{0.39}{0.04} = 9.75 \qquad （式5.11）$$

解释：在性成熟后绝育的犬患乳腺瘤的风险是性未成熟时绝育犬的9.75倍。

RR只能用于前瞻性研究，因为它考虑的是动物是否暴露后的疾病风险。在兽医文献中RR并不常见，但是作为OR的比较对象很重要。

区分疾病的发生比和风险可能会令人混淆。

• 风险是群体中事件发生或即将发生的可能性。它是一个比例，因此分子包含在公式的分母中。

• 发生比，是一个比例，比较两个相互排斥的群组中事件发生的可能性：分子不包含在分母中。

发生比能表明将来或者过去的关联。

考虑到这些区别，很明显RR只能用于队列研究（见第四章），然而OR可用于任何研究。这就是为什么理解OR的意义如此重要，因为在医学文献中它是最常用于关联测量的。

OR可用于评估任何研究，RR只能用于前瞻性研究。

归因危险度

归因危险度（AR）测量了暴露动物患病风险与非暴露动物患病风险的绝对差。换言之，考虑到群体中有一定的病例是由已存在的其他风险因素而导致患病，控制这种干扰，测量与研究变量相关的疾病风险导致的发病风险。使用绝对值的原因是当保护性因素被认为是暴露变量时，差值是负值。当考虑到风险是归因于一个因素时，它应该没有任何符号

（正值或负值）。

它是暴露的动物和未暴露的动物患病风险之间的差的绝对值。未暴露动物的患病风险被认为是群体中疾病的基准。

AR 的计算公式为：

$$AR＝风险_{暴露}－风险_{非暴露} \qquad （式 5.12）$$

注意这公式中的术语与 RR 中的相同，但它们是相减而不是相除。

示例

利用计算 RR 时使用的例子，归因于性成熟的乳腺瘤的 AR 是：

$$AR＝风险_{暴露}－风险_{非暴露}＝\frac{23}{59}－\frac{1}{27}＝0.39－0.04＝0.35 （式 5.13）$$

解释：研究群体中乳腺瘤风险的 35％归因于性成熟后绝育。

这一测量方法常用于暴发调查（见第七章）。

第六章　诊断试验

大多数人认为诊断试验是分析液体或组织样本并提供读数（数值的或比色的）的一些设备。然而，这些类型的诊断试验仅是日常实践中的一小部分。"诊断"一词来自两个希腊单词："dia"（分开）和"gignoskein"（认识或知道）。从本质上讲，诊断是指区分或辨别的能力。因此，诊断试验是任何能够区分未患病个体和患病个体的策略或程序。

第一眼看到病患，我们就开始凭直觉诊断动物是否健康。常见的分类方法，如身体状况评分、跛行评分等多数是二分法，如欢快的/呆滞的、机警的/沮丧的、敏感的/迟钝的，等等。不知不觉中，大多数人都忽视了这种主要和最初的"诊断试验"，即对病人的视觉评估，认为那仅仅是了解动物而已。

经过最初的视觉检查，之后的诊断试验之一就是我们在任何动物试验中都学过的TPR。测量体温是一种诊断试验，它以华氏度或摄氏温度（连续变量）表示动物体内温度，通常分为发热/不发热（分类变量）。通过听诊器，我们评估是否存在异常的声音或节奏。然后，我们可以触摸或活动动物的某些部位来确定他们是否正常。因此，我们每天都在进行多项不需要电子设备的诊断试验。

在定义了诊断试验之后，我们需要了解它们可能存在的缺陷，这样才能决定我们要用结果来做什么。

例如，我们知道不是所有生病的动物都发热。即使一只动物得了传染病，它也可能不会发热，因为它可能处于疾病的早期阶段，也可能奄奄一息，因此它的体温会低于正常水平。因此，如果我们将发热作为动物被感染的绝对必要条件，我们可能会误诊。

诊断试验并不完美；只有了解它们的缺点，才能将试验结果用于临床推理。以下关于试验特性和性能的参数，可在实践中指导我们进行临床评估。

> 没有诊断试验是完美的。

试验质量

试验质量是指可以避免测量误差，产生精确且准确结果的能力。诊断试验一个重要的局限性是测量误差。测量设备和/或操作者都会引起测量误差。

准确性

准确性（accuracy）是一项试验发现真实值的能力。准确性可通过校正仪器或提升操作者能力来提高。

精确性

精确性（precision）是一项试验在多次检测相同样本时获得一致结果的能力。精确性可通过多次测量相同样本，使用测量结果的平均值作为评价结果来提高（注意，这会使多次测量获得的平均值不能作为独立样本，见第二章"同一动物的多个样本的统计分析"部分）。

常用靶子来描述准确性和精确性（图 6.1）。准确性是指有多少射击真正射中了靶子，精确性是指射击落点间的紧密程度（即使它们脱靶）。

相同的操作会使试验精确但并不准确，产生偏倚（关于偏倚，详见第二章）。

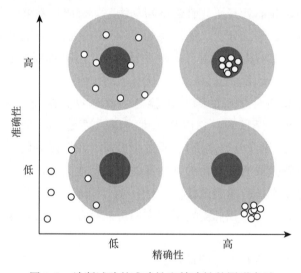

图 6.1　诊断试验的准确性和精确性的图形表示

示例

图 6.2 是一只 13 岁未阉割公犬的化验结果。

该犬的肌酐低，碱性磷酸酶（ALP）和谷丙转氨酶（ALT）高，指标似乎与肝病一致。然而，仔细看数值，肌酐和谷丙转氨酶的浓度实际上非常接近正常限。数值可能是试验精确性造成的问题吗？换言之，肌酐的结果真的是 0.8mg/dL 而不是 0.9mg/dL 甚至 1.0mg/dL 吗？如果是 1.0mg/dL，就是正常值了。为了回答这个问题，我们需要知道每项试验的检测限（咨询实验室）。肌酐通常的检测限是 0.1mg/dL，所以报告值 0.8mg/dL 可能是 0.7mg/dL 和 0.9mg/dL 之间的任意值。

示例

完整的化学项目表

动物来源	样品	样品类型	报告日期
海尔		血清	2012.12.05

分析物	结果	单位	参考区间	相对结果指标
尿素氮	23	mg/dL	10~30	
肌酐	0.8	mg/dL	1.0~2.0	
葡萄糖	98	mg/dL	65~130	
胆固醇	217	mg/dL	150~275	
总蛋白	6.8	g/dL	5.4~7.6	
白蛋白	3.7	g/dL	2.3~4.0	
总胆红素	0.2	mg/dL	0.0~0.5	
肌酸激酶	114	U/L	50~300	
碱性磷酸酶	367	U/L	10~84	
谷氨酰转肽酶	3	U/L	2~10	
谷丙转氨酶	68	U/L	5~65	

图 6.2　一只 13 岁未阉割公犬的部分化验结果

您会惊讶地发现，常见的一些试验并不是很精确，而我们不断地根据对这些值的临床解释进行治疗。从上述在多个实验室测量的犬血清肌酐浓度变异性的研究结果来看（图6.3），对于相同的样品，以及每个实验室用于确定氮血症的参考区间，结果有很大的差异。

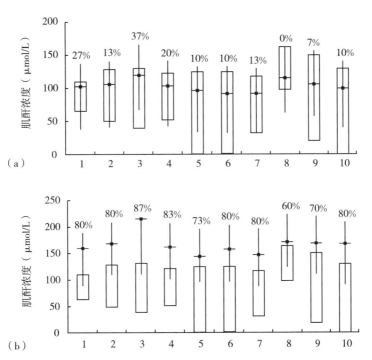

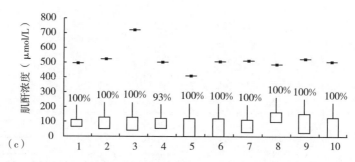

图 6.3　一项关于犬血清肌酐浓度检测结果变异性的研究

　　10 个欧洲实验室（1～10）对不同批次犬进行了 3 次重复分析，获得了 10 只健康犬、10 只有预期肌酐中值的犬和 10 只氮血症犬的肌酐浓度的中值（μmol/L）和范围。水平线表示中值。白色背景框表示各个实验室使用的健康犬的参考区间。覆盖参考值上限并在上方给出数字的深灰线，代表超过上限的异常犬比例。浅灰色线为正常犬的比例。a，10 只健康犬；b，10 只有预期肌酐中值的犬；c，10 只氮血症犬。

　　来源：Ulleberg T., Robben J., Nordahl K. M. and Heiene R.（2011）. Plasma creatinine in dogs: intra- and inter-laboratory variation in 10 European veterinary laboratories. Acta Veterinaria Scandinavica，53：25-53.

　　下一个问题是在存在或不存在其他临床症状的情况下，报告值的生物学意义是什么？ALT 为 68 U/L（正常范围为 5～65U/L）是否比 ALP 为 367 U/L（正常范围为 10～84U/L）更好或更差？正常值的范围是如何确定的？略微超出范围几个点意味着什么？考虑到没有试验是完美的，这些问题都是我们在基于这些诊断试验做出临床决定之前需要考虑的。随着时间的推移，当有越来越多的经验来指导您进行基于证据的决策时，您将学会凭直觉做出解释。

　　诊断试验并不是完美的。影响诊断质量的因素很多，包括诊断检测本身存在的一些问题，以及操作人员失误和环境影响等因素。

鉴别能力

　　鉴别能力（discrimination ability）是一项检测区分感染动物和未感染动物的能力。一项完美的诊断试验能够清楚地区分这两种状态。当这种差异是基于某一特定特征的有无时，它比基于生物样品中某一化合物达到阈值（可测量的浓度）更容易实现。在后一种情况下，病例定义中必须包含"阈值"（见第一章）。

　　示例

　　假设我们感兴趣的是犬腺病毒暴露。抗体的有无将表明犬是否暴露于病毒。然而，如果我们感兴趣的是犬腺病毒感染，则需要知道抗体达到什么水平就认为是感染，而不是因注射疫苗获得的抗体。有些试验有更好的鉴别能力。

　　图 6.4A 所示的试验具有更好鉴别能力；感染动物（实线）的抗体滴度与未感染动物有明显区别。然而，在现实生活中，更常见的情况是图 6.4B 所示的结果，如 1∶32 的效价在感染和未感染动物中均存在。在这种情况下，滴度为 1∶32 的动物将被视为可疑，需要进一步的试验或时间来确定动物是否感染。

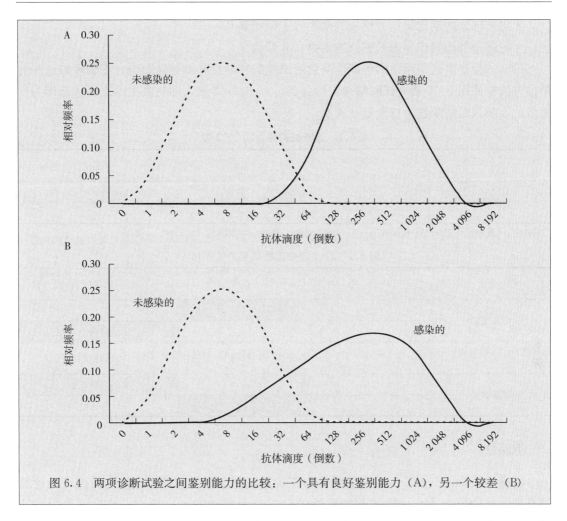

图6.4　两项诊断试验之间鉴别能力的比较：一个具有良好鉴别能力（A），另一个较差（B）

这是您在日常实践中会遇到的一个常见问题，您需要理解"可疑"一词的含义以及如何处理它。对畜主和监管机构来说，错误分类"可疑"的后果是不同的，您应同时考虑这两个方面。

试验性能

另一个重要的试验特征是区分感染和未感染（健康）动物，没有任何不确定的值（通常标记为"可疑"）。

请注意，最好使用"未感染的"而不是"健康的"。例如，如果我们在研究犬的糖尿病，我们会有患糖尿病的犬和没有患糖尿病的犬，它们不一定要健康。换句话说，未患糖尿病的犬可能有肾脏疾病或骨科问题，不符合健康标准，所以"健康的"这个术语是不恰当的。

在诊断试验中，将动物分为感染动物和未感染动物有两个可能的错误：

- 将未感染的动物识别为感染的动物（Ⅰ型错误）。
- 将感染的动物识别为未感染的动物（Ⅱ型错误）。

诊断试验产生这些错误的可能性分别受试验的特异性和敏感性影响。正确理解这些的最佳方法是使用 2×2 表对试验结果进行分类。列出 2×2 表，即将真实的疾病状态作为列变量，诊断试验结果作为行变量（表 6.1、表 6.2）。

表 6.1　诊断试验评估的 2×2 表

		患病	未患病
诊断试验	+	*a*	*b*
	—	*c*	*d*

注：*a*，真阳性（TP）；*b*，假阳性（FP）；*c*，假阴性（FN）；*d*，真阴性（TN）。

表 6.2　2×2 表中诊断结果的可视化

		患病	未患病
诊断试验	+	TP	
	—		TN

		患病	未患病
诊断试验	+		FP
	—	FN	

敏感性

敏感性（sensitivity，Se）是通过试验正确诊断感染动物的能力，换句话说，是检测出真阳性动物的能力。计算试验敏感性的公式是患病动物（分母）中被检测为阳性的（分子）的比例。注意公式只需看 2×2 表左边一列（表 6.3 中突出显示）；只关注被感染的个体。

$$Se = \frac{真阳性个体}{所有感染个体} = \frac{TP}{TP+FN} = \frac{a}{a+c} \qquad (式 6.1)$$

表 6.3　2×2 表中诊断试验的敏感性计算公式的可视化

		患病	未患病
诊断试验	+	TP	
	—	FN	

示例

最近的一篇论文报道了一种新的狂犬病快速检测方法在犬唾液检测中的试验性能（Kasempimolporn et al.，2011）。表 6.4 给出了实际数据。

表6.4　对犬唾液中狂犬病病毒快速检测方法敏感性测定所需数据

试纸条检测	荧光抗体检测（脑涂片）		聚合酶链式反应（唾液）	
	+	—	+	—
+	53*	10	53	10
—	4	170	4	170
合计	57	180	57	180

注：＋为阳性；—为阴性；＊唾液样本的数量。

来源：Kasempimolporn S.，Saengseesom W.，Huadsakul S.，Boonchang S. and Sitprija V.（2011）. Evaluation of a rapid immunochromatographic test strip for detection of rabies virus in dog saliva samples. Journal of Veterinary Diagnostic Investigation，23（6）：1197-1201. ©Sage.

鉴于脑涂片和唾液 PCR 的结果相同，我们将唾液 PCR 与唾液快速检测试纸条进行简单的比较。唾液 PCR（加圈标出）给出了疾病的真实状态，新的诊断试验已在行中表示。因此，已经以 2×2 表的适当格式报告数据，不需要调整。

$$Se=\frac{真阳性}{所有感染个体}=\frac{TP}{TP+FN}=\frac{53}{53+4}=\frac{53}{57}=93.0\% \quad （式6.2）$$

这意味着大约每检测 100 只狂犬病病犬，有 7 只未能检出。对您来说，这个值的生物学意义是什么？是否是一个您愿意接受的风险吗？

特异性

特异性（specificity，Sp）是指正确检出未感染动物的能力，换句话说，是检测出真阴性动物的能力。

计算试验特异性的公式是未感染的动物（分母）中检测为阴性（分子）的比例。请注意，公式只在 2×2 表的右栏中显示（表6.5 中突出显示）；它只关注未感染的动物。

$$Sp=\frac{真阴性个体}{所有未感染个体}=\frac{TN}{TN+FP}=\frac{d}{d+b} \quad （式6.3）$$

表6.5　2×2表中诊断试验特异性计算公式的可视化

		患病	未患病
诊断试验	+		FP
	—		TN

示例

继续之前狂犬病快速唾液试纸条检测（Kasempimolporn et al.，2011）的例子，计算这项新诊断试验的特异性（表6.6）。

表 6.6　对犬唾液中狂犬病病毒快速检测方法特异性测定所需数据

试纸条检测	荧光抗体检测（脑涂片）		聚合酶链式反应（唾液）	
	+	—	+	—
+	53*	10	53	10
—	4	170	4	170
合计	57	180	57	180

注：＋为阳性；—为阴性；＊唾液样本的数量。

来源：Kasempimolporn S., Saengseesom W., Huadsakul S., Boonchang, S. and Sitprija V. (2011). Evaluation of a rapid immunochromatographic test strip for detection of rabies virus in dog saliva samples. Journal of Veterinary Diagnostic Investigation，23（6）：1197-1201. ©Sage.

$$Sp = \frac{真阴性个体}{所有未感染个体} = \frac{TN}{TN+FP} = \frac{170}{170+10} = \frac{170}{180} = 94.4\% \quad (式\ 6.4)$$

这意味着大约每检测 100 只狂犬病阴性犬，有 5 只会被误检测为阳性。对您来说，这个值的生物学意义是什么？

敏感性是指阳性结果的准确性，特异性是指阴性结果的准确性。因此，这两项指标都是一项试验能否正确地将患者区分为感染或未感染能力的指标，是试验性能的一种衡量标准。

对于商业试剂盒，这些测量值是由它们的开发公司计算的，并将它们与其他试剂盒进行了比较。至于其他不使用试剂的诊断试验，比较试验通常是由研究人员进行的，他们在知道试验动物真实疾病状态的对照研究中比较这些诊断方法，通常是通过控制某些动物的感染。因此，我们大多数人不必担心计算这些，但我们都需要意识到使用低特异性或低敏感性诊断试验的影响。

敏感性和特异性越高，检测效果越好。通常认为，敏感性和特异性超过 90% 是高的、有用的检测。

然而，高敏感性和高特异性的检测并不总是可以同时获得，我们常常必须在高敏感性和低特异性的检测与低敏感性和高特异性的检测之间做出选择。哪一个是最好的？答案是"视情况而定！"

·如果我们更感兴趣的是，确保没有假阴性结果（检测结果呈阴性的感染动物），我们将使用敏感性尽可能高的检测。

·如果我们试图确保没有假阳性结果（检测呈阳性的未感染动物），我们将要求使用特异性尽可能高的检测。

示例

如果我们想要在密歇根鹿群中根除结核病，会使用高敏感性的检测，以确保我们得到尽可能少的假阴性结果。我们会扑杀所有阳性动物，只留下那些检测结果为阴性的动物进行繁殖。

然而，如果对所有参与国际活动如奥运会的马检测可能会影响国际贸易的疾病，我们需要确保使用的检测有非常高的特异性，以确保没有假阳性结果；如果检测结果呈假阳性，将会对一个国家的经济和形象造成灾难性的影响。

对于临床兽医师来说，除了比较相同条件下的两种诊断试验，并根据更好的性能选择一种，敏感性和特异性没有什么太大意义。在日常工作中，临床兽医师会做动物试验，知道对结果有多大把握。换句话说，检测结果为阳性的动物是否真的患有这种疾病，或者检测结果为阴性的动物是否真的没有感染？这些信息分别由阳性预测值和阴性预测值来显示。

阳性预测值

阳性预测值（positive predictive value，PPV）决定了动物在检测呈阳性时真正感染的可能性。换句话说，它看的是检测阳性动物（分母）中真正感染（分子）的比例。请注意，此公式仅关注 2×2 表的第一行——检测阳性的动物（表 6.7 中突出显示）。

$$PPV = \frac{真阳性个体}{所有阳性个体} = \frac{TP}{TP+FP} = \frac{a}{a+b} \qquad (式6.5)$$

一些作者也把它称为阳性试验的预测值。

表 6.7　2×2 表中诊断试验的阳性预测值计算的可视化

		患病	未患病
诊断试验	＋	TP	FP
	—		

示例

下面以犬唾液中狂犬病病毒的快速检测为例（Kasempimolporn et al.，2011），如表 6.8 所示，计算这个方法的 PPV。

$$PPV = \frac{真阳性个体}{所有阳性个体} = \frac{TP}{TP+FP} = \frac{53}{53+10} = \frac{53}{63} = 84.1\% \quad (式6.6)$$

这个数字的含义是，对于快速试纸条检测呈阳性的犬，您只有 84% 的把握确定这些犬真的感染了狂犬病。换句话说，每 100 只检测结果呈阳性的犬中，16 只没有感染。如果您要对所有呈阳性的犬实施安乐死，您知道每 100 只呈阳性的犬中，就有 16

只没有被感染的犬会被安乐死。您会接受这个结果，还是会使用另一种不同的检测试验或额外的试验来确认结果？文章从未有报道这个值。

表 6.8　对犬唾液中狂犬病病毒快速检测方法阳性预测值测定所需数据

试纸条检测	荧光抗体检测（脑涂片）		聚合酶链式反应（唾液）	
	+	—	+	—
+	53*	10	53	10
—	4	170	4	170
合计	57	180	57	180

注：＊唾液样本的数量。
来源：Kasempimolporn S., Saengseesom W., Huadsakul S., Boonchang, S. and Sitprija V. (2011). Evaluation of a rapid immunochromatographic test strip for detection of rabies virus in dog saliva samples. Journal of Veterinary Diagnostic Investigation，23（6）：1197-1201.©Sage.

阴性预测值

阴性预测值（negative predictive value，NPV）表示试验阴性动物真正未感染的可能性。换句话说，它关注的是检测阴性动物（分母）中真正未感染的比例（分子）。请注意，这个公式只考虑2×2表的第二行，即检测阴性的动物（表6.9中突出显示）。

$$NPV=\frac{真阴性个体}{所有阴性个体}=\frac{TN}{TN+FN}=\frac{d}{d+c} \qquad (式6.7)$$

一些作者也把它称作阴性试验的预测值。

表 6.9　2×2表中诊断试验的阴性预测值计算的可视化

		患病	未患病
诊断试验	+		
	—	FN	TN

示例

下面以犬唾液中狂犬病病毒的快速检测为例（Kasempimolporn et al.，2011），如表6.10所示，计算这个方法的NPV。

$$NPV=\frac{真阴性个体}{所有阴性个体}=\frac{TN}{TN+FN}=\frac{170}{170+4}=\frac{170}{174}=97.7\% \quad (式6.8)$$

这个数字的含义是，对于快速试纸条检测呈阴性的犬，您有98%的把握确定这些犬真的没有感染狂犬病。换句话说，每100只检测结果呈阴性的犬中，2只感染了狂犬病。如果把这些犬留在群体中风险是什么？记住没有试验是完美的，怎样做才能避免因留着这两只犬导致的疫病传播呢？这篇文章没有计算这个值。

表 6.10　对犬唾液中狂犬病病毒快速检测方法阴性预测值测定所需数据

试纸条检测	荧光抗体检测（脑涂片）		聚合酶链式反应（唾液）	
	＋	－	＋	－
＋	53*	10	53	10
－	4	170	4	170
合计	57	180	57	180

注：＊唾液样本的数量。

来源：Kasempimolporn S.，Saengseesom W.，Huadsakul S.，Boonchang，S. and Sitprija V.（2011）. Evaluation of a rapid immunochromatographic test strip for detection of rabies virus in dog saliva samples. Journal of Veterinary Diagnostic Investigation，23（6）：1197-1201. ©Sage.

有几个因素可以影响 PPV 和 NPV，但作为临床兽医师，必须牢记的一个重要因素是群体中疾病的患病率。对罕见疾病的阳性检测不如对常见疾病的阳性检测可信，可能需要重新检测或额外的验证性检测。

> **示例**
>
> 在阿拉斯加（患病率低），一只犬进行利什曼病检测呈阳性，将比在佛罗里达（患病率高）进行利什曼病检测呈阳性可信度低。在蒙大拿州，一头野牛的李斯特菌病检测呈阳性比牛海绵状脑病检测呈阳性更可信。

总而言之，敏感性和特异性指的是通过检验 2×2 表的列，在已知疾病状态的动物群体中进行的试验性能如何。PPV 和 NPV 指的是通过检验 2×2 表的行，来判断每个被检测动物的结果可信度。

它们的实际意义是，当对一个动物进行诊断时，您对诊断试验的 PPV 和 NPV 都感兴趣。而开发新的检测方法时，实验室需要关注的是检测方法的敏感性和特异性。

您可以想象，这四个指标都是相关的。检测的敏感度越高，我们得到的假阴性动物就越少。假阴性试验是指那些诊断试验结果为阴性但实际上感染的试验。一项试验的假阴性结果越多，它的 NPV 就越小。换言之，一项试验的假阴性结果越多，我们就越不能相信阴性结果。假阳性试验是指诊断试验呈阳性，但动物实际上未感染的试验。假阳性结果是检测特异性低的结果。试验的假阳性结果越多，PPV 越低，就越不能相信阳性结果。

敏感性和特异性指的是一项试验在群体中表现的怎么样，而 PPV 和 NPV 指的是每一个实验动物的结果可信度如何。

筛检

为了避免使用不完美的试验而出现的问题，临床兽医师可以选择并联或串联的方式进行多个检测。

并联试验

当用两项或多项试验同时进行检测，就称为并联试验（parallel testing）。在这种情况下，如果任一个检测结果为阳性，则认为动物感染。这种方法将检测到更多真正阳性的动物，提高了试验方法的敏感性。然而，这种检测方法的一个问题是假阳性动物的数量增加，这是通过多个试验积累起来的。同时，这也是一种昂贵的检测方法，因为所有的动物都要接受多次试验。

并联试验的一个例子是同时对猫白血病进行 CBC 和血清学检测，并且无论血清学阳性还是白细胞计数增高都会将猫诊断为白血病。

串联试验

当进行串联试验（serial testing）时，首先进行初始检测，只有在该检测呈现出我们所期望的结果（阳性或阴性）时，随后才进行补充验证性检测。这降低了整体成本，因为只有一部分动物接受了多次检测，而且还提高了整项检测的特异性。

串联试验的一个例子是，只有在检测到猫的白细胞计数高后才进行血清学检测。因此，只有高血球计数和血清学阳性的猫才会被认为是白血病。

筛检是一种特殊类型的串联试验，其进行了初步诊断试验，以尽可能多的区分感染和未感染的个体。理想情况下，筛检试验应是 100%敏感和 100%特异的。

示例

设想我们需要对一个犬舍内的所有犬进行狂犬病检测。每只检测结果呈阳性的犬将被安乐死，以防止人类感染。假阳性意味着没有被感染的犬将被安乐死，而假阴性意味着被感染的犬不会被发现，除非它出现临床症状。为了犬着想，最好选择一种具有最高特异性的筛检试验，将假阳性的可能性降到最低。然而，为了公众健康，最好还是选择最高敏感性的筛检试验，将假阴性的可能性降到最低，因为如果得了狂犬病的犬没被发现，还咬了人，可能会产生可怕的后果。

然而，由于完美的检测实际上并不存在，人们将不得不牺牲敏感性或特异性。哪一个更重要将取决于与假阳性和假阴性试验相关的成本和问题，以及开展额外检测的能力。高敏感性的检测可使假阴性最小化，而高特异性的检测可使假阳性最小化。

金标准

这一节更多的是哲学层面的思考，而不是直接的指导。疾病的真实状态在整个章节中都有提及。问题是"我们如何确定真实的状态？"。金标准（gold standard）指的是一种被认为是确定真实疾病状态的最佳检测方法。对于某些情况，金标准可能是外科检查、放射学、超声或最终的尸检。有不同进程或阶段的疾病会发生什么，如猫白血病和牛结核病？我们怎样才能知道一个动物是否感染，以便评价一项诊断试验在疾病的不同阶段所表现出的试验性能如何？

通常情况下，诊断试验是通过人为地给一些动物接种能够引起疾病的病毒或细菌来评估的。这样，所有接种过的动物都被认为是"感染的"。然而，我们从其他疾病中得知，并非所有接触过感染源的动物都会患上这种疾病。因此，所有被认为感染的动物实际上可能没有全部被感染，这将影响敏感性和特异性的计算。

如果一种新的诊断试验实际上比金标准检测效果更好，那将会发生什么？无论如何，开发更好的检测方法就是研究的目的。但是，如果用旧方法来验证新方法，我们的基础本身就是有缺陷的。

如何确定生物样本的正常范围？现在已经有了标准程序，但是研究的设计往往需要高昂成本，通常会做出一些让步。例如，为了建立正常的化学参考值范围，我们需要对所有已知的能够改变代谢物的疾病的动物进行检测，并在采样之前确保它们都没有这些疾病。您可以想象，这将是非常昂贵的且不实际。相反，如果它们没有任何明显的症状，动物则被假定是"在正常范围内"。这就是为什么一些化学参考值的正常范围如此之宽的原因。

综上所述，要始终考虑确定疾病或状态的真实情况可能存在缺陷，因此诊断试验的评估存在固有的偏倚。简单地说，对检测结果要有点怀疑，不要把它们当作教条。

第七章　暴发调查

在您的职业生涯中，可能会碰到一些疾病的暴发，而您将作为主要人员参与调查。本章将阐述调查的主要步骤，帮助您开展调查。流行病学调查通常很难确定暴发的真正原因（病原），但通过了解疫病的传播模式，可阻止该病进一步传播。在暴发调查中，通常应先明晰传播机制，然后（有时甚至是数年后）再确定病原微生物。

在人类医学文献中，经典的暴发调查案例是约翰·斯诺博士于1854年出版的"关于霍乱的传播方式"（Snow，1854）。当时，他已研究霍乱流行病学多年。1849年，通过仔细观察，他确定了霍乱的传播机制，指出供水系统是霍乱传播的途径。现在我们知道，霍乱弧菌是霍乱的病原，但这种细菌于1855年才被鉴定出来。

知道病原的名称并不能阻止疫病在当前和未来的暴发，但疾病的传播机制可以阻止暴发。重点不是纠结于病原的名称，而是阻止疾病进一步的流行。

> 不要把重点放在"什么"引起了疫病，而是要关注疫病是"如何"传播的，这样就可以阻止它传播，并预防未来暴发。

定义

首先是暴发调查常用的一些术语。

暴发或流行（outbreak or epidemic）：某个群体的发病率高于正常发病的基线水平。因此，在某个城市、省份或国家动物群中定义为暴发的发病率，在其他动物群中可能是正常的。

地方流行（endemic）：地方流行定义了群体中某种疫病的基线发病率。只有新发病的发病率可能为零，其他疫病在群体中都少量存在，一旦条件合适，就可能流行。

大流行（pandemic）：影响多个区域的流行病。

病例（case）：感染某种病原体或有某种研究设定情况的动物。

对照（control）：未感染某种病原体或无某种研究设定情况的动物。

指示病例（index case）：发现的第一例感染动物。

暴发调查的步骤

暴发调查只有遵循下列5个步骤，才能得出正确的调查结果，理解疫病发生的过程。

有些学者为区分建立假设、检验假设和获取结论，把调查分为 7 步。简洁起见，本书把上述 3 步合并为数据分析。

病例定义/诊断验证

为明确地将动物分为病例（受影响）或对照（未受影响），需要定义病例。开展风险因素研究，需要有两组清晰可区分的动物进行比较。病例定义需简明扼要，以保证任何人都能够使用提供的病例定义，将动物分类为受影响的或未受影响的。

> **示例**
>
> 假设要调查可能暴发的山羊沙门氏菌病。您的病例定义是：有腹泻的动物？有出血性腹泻的动物？或是有出血性腹泻且体温高于 40℃ 的动物？或许您还会考虑沙门氏菌病的其他症状（如呼吸道症状）。您的诊断是基于细菌培养、血清学检测、临床症状，还是两种或两种以上的组合？在后一种情况下，需要对所有的动物都进行诊断测试，才能被纳入病例组或对照组。

如果调查由他人诊断的某种疫病暴发，调查之前需要验证诊断结果。很多时候的调查往往没有初步诊断，人们想知道发生了什么。在这种情况下，您可能不得不进行初步诊断，或者简单地通过一组特定的体征来定义一个病例，而没有这些体征的动物即为对照。可能有一些动物既不符合病例的严格定义，也不符合对照的严格定义，分析中将不会包含这些动物。

对书面病例定义的强调似乎没有必要，但病例定义不明确的暴发调查结果是不成功的，常导致错误的结论，以及不必要和无根据的干预。

确定问题的严重程度

这里需要准确的数据和一些计算。重要的是要从所有可用记录中收集数据，以确定调查群体某种疫病的基线发病率。有时，看起来是一次暴发，但实际上只是特定风险因素同时出现而产生的正常事件。

> **示例**
>
> 通常情况下，一个受伤率为 1/100 的赛马场每周会出现一次受伤。突然有 1 周，有 4 匹马受伤，受伤的比例增加了。然而，这只是期间有一场特殊的锦标赛，420 匹马参赛。这种情况下，赛场上出现 4 次受伤，发病率属于正常范围。
>
> 另一个常见的例子是，在产犊的高峰期，奶牛场胎衣不下的发病率明显增加。解释通常很简单：在特定时期有更多的奶牛产犊，因此胎衣不下的（绝对）数量更高，但实际上该农场的发病率可能是正常的。
>
> 请注意，上述两种情况下对发病率的过高估计，都是由于使用"时间"作为"风险动物"的替代指标而造成的。

如果调查某种新发疾病，其基线发病率应该是零。但是，不要总是假设基线为零；应当查看所有可用记录来计算基线水平。这也是教导大家准确记录重要性的大好时机！

为了解问题的严重程度，我们将计算动物受影响的比例（affected proportion，AP），也称为袭击风险（attack risk）。使用 AP 而不是袭击风险（它们是同一件事）的原因是为了不与归因风险（AR）混淆。请记住，第六章中的风险是一个比例。

AP 的计算公式：

$$AP = \frac{病例数}{风险动物数} \qquad (式\ 7.1)$$

在暴发调查中，分母通常是当时群体中的所有动物。当然，情况并不总是如此，重要的是要确保只包括处于研究条件下的风险动物。

> **示例**
>
> 不能把雄性动物包括在流产调查中，雄性不能怀孕。同样，疫情开始时未孕的雌性动物也不应包括在分母中，它们没有流产的风险。

描述疫病的空间和时间分布

描述疫病的空间分布，可绘制草图或使用养殖场的平面布局图。如果疫情有空间影响，该地区的地图可能非常有用。重要的是，要明确指示病例的位置以及移动情况。然后绘制出所有后续病例，同时记录日期。

> **示例**
>
> 图 7.1 是一个马场的布局示意图，该马场经历了 I 型马疱疹病毒的暴发，主要表现为发热、流产和脑脊髓炎。这张草图显示了马场设施布局，但如果我们标记出感染马所在的区域，就会很明显地发现，这是一次分布广的暴发（图 7.2），但仅限于一个特定的区域。
>
>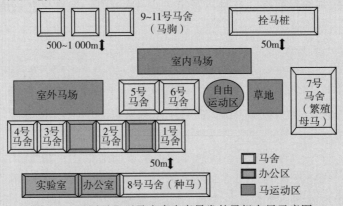
>
> 图 7.1 经历了 I 型马疱疹病毒暴发的马场布局示意图
>
> 来源：Walter J. , Seeh C. , Fey K. , Bleul U. and Osterrieder N. （2013）. Clinical observations and management of a severe equine herpesvirus type 1 outbreak with abortion and encephalomyelitis. Acta Veterinaria Scandinavica, 55：19.

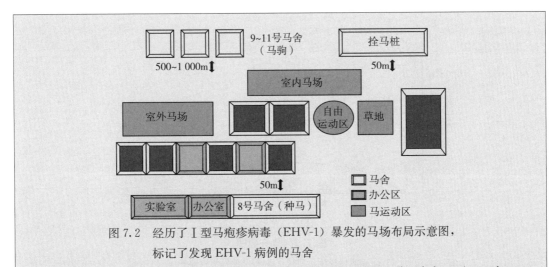

图 7.2　经历了 I 型马疱疹病毒 (EHV-1) 暴发的马场布局示意图，
标记了发现 EHV-1 病例的马舍

来源：Walter J., Seeh C., Fey K., Bleul U. and Osterrieder N. (2013). Clinical observations and management of a severe equine herpesvirus type 1 outbreak with abortion and encephalomyelitis. Acta Veterinaria Scandinavica, 55: 19.

为了描述疫病暴发的时间分布，使用每天新发病例数的直方图显示流行曲线（如果是更突然的情况，时间单位可改为小时）。请注意，这等同于表示群体中的疫病发病率。这将有助于确定我们是否正在处理一种潜在的传染。流行曲线有两种不同类型（图 7.3），分别是点源传播曲线和持续传播曲线。

点源传播流行曲线

在图 7.3 中，大多数病例将在疫情暴发之初聚集，少数病例滞后，通常持续时间较短。这是典型的食源性和水源性疫情流行曲线，所有动物都在一个时间点暴露。大多数动物在暴露后不久就会出现症状，这就是为什么通常很难指出一个单一的指示病例。不太敏感的动物需要更长的时间才能显示出临床症状。

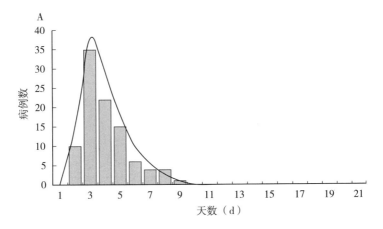

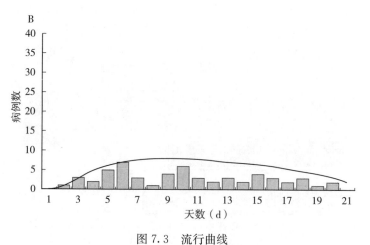

图 7.3　流行曲线

A. 点源传播流行曲线　　B. 持续传播流行曲线

持续传播流行曲线

在这个直方图中，病例在一段时间内缓慢持续地出现，通常持续几天甚至几周。指示病例通常很容易确定。这是典型的传染病流行曲线，一只动物感染周围的几只动物，随着时间的推移，这些动物又会感染其他动物。

示例

下面的例子显示了病例定义以及流行病学曲线在确定暴发类型时的重要性。图 7.4 显示了奶牛场高产奶牛中每天死亡的奶牛数。表 7.1 显示了病例定义不同的同一次暴发数据：对电解质（钙和磷）治疗没有反应并最终死亡的母牛。图 7.4A 看起来是持续传播，图 7.4B 明显是点源传播。这次暴发是由一批劣质浓缩物引起的，是一次食源性暴发（点源流行曲线是正确的）。

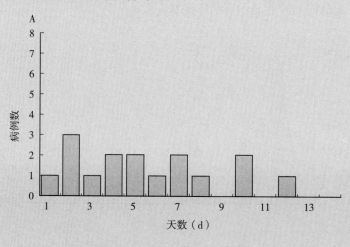

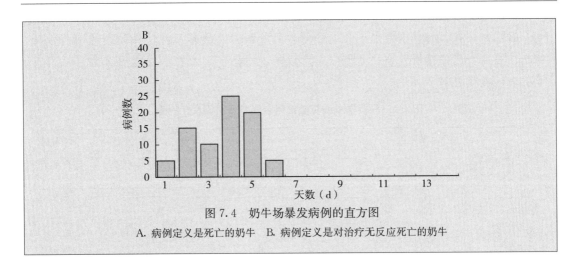

图 7.4 奶牛场暴发病例的直方图

A. 病例定义是死亡的奶牛 B. 病例定义是对治疗无反应死亡的奶牛

分析潜在的风险因素

为分析潜在的风险因素，需比较所有考虑到的潜在风险因素的暴露和非暴露动物的 AP。

示例

下例来自于一份关于德国军犬暴发沙门氏菌病的报告（Schotte et al., 2007）。在该报告中，列出了潜在风险因素以及每个潜在风险因素的 AP（表 7.1）。

表 7.1 德国某军事基地军犬暴发沙门氏菌（M、G）感染的特征

犬舍[a]	状态	数量	年龄中位数（最大值/最小值）	饲喂犬粮的犬数量[b]				病例（%）[c]	发病（%）[d]
				A	B	C	D		
I	执勤	18	6 (2/11)	10 M	1	—	9	17 (94.4)	—
I	退役	1	无数据	—	—	—	1	1 (100)	—
II	执勤	26	7 (2/11)	24 M, G	—	26 G	—	19 (73.1)	8 (30.8)
II	退役	5	12 (10/14)	4 M, G	—	5 G	—	4 (80)	1 (20)
III	执勤	14	6 (1/10)	14 M	—	—	—	7 (50)	—
III	退役	3	11 (9/13)	3M	—	—	—	2 (66.7)	—
IV[e]	执勤	12	8 (6/10)	—	—	—	12	1 (8.3)	—
IV	退役	1	12	—	—	—	1	—	—
合计		80	7 (1/14)	55	1	31	23	51 (63.8)	9 (11.3)

注：a，不同犬舍的缩写。b 中，A 表示干的片状配合饲料；B 和 C 表示颗粒混合饲料；D 表示其他种类饲料。c，在暴发期间分离到一次沙门氏菌的犬。d，犬不发热，但有轻微腹泻症状。e，没有饲料样本用于微生物调查。

来源：Schotte U., Borchers D., Wulff C. and Geue L.（2007）. Salmonella Montevideo outbreak in military kennel dogs caused by contaminated commercial feed, which was only recognized through monitoring. Veterinary Microbiology, 119 (2-4): 316-323. © Elsevier.

请注意，提供的数据使用犬舍编号作为风险因素，没有每种饮食类型的病例数量信息。因此，我们使用犬舍编号作为暴露因素，病例定义为在暴发期间分离出沙门氏菌的犬，建立表7.2。

表7.2 分析暴发调查数据研究潜在暴露因素示例表

暴露因素	暴露			非暴露			归因风险（%）	相对风险
	病例	对照	$AP_{暴露}$（%）	病例	对照	$AP_{非暴露}$（%）	$AP_{暴露}-AP_{非暴露}$	$AP_{暴露}/AP_{非暴露}$
犬舍Ⅰ	18	19	95	33	61	54	41	1.75
犬舍Ⅱ	23	31	74	28	49	57	17	1.30
犬舍Ⅲ	9	17	53	42	63	67	-14	0.79
犬舍Ⅳ	1	13	8	50	67	75	-67	0.10

深灰色单元格中的数据是基于浅灰色单元格中数据计算得出。

从表7.2中，我们需要确定以下内容：

- 在暴露的动物（$AP_{暴露}$）中，什么暴露因素具有最大的袭击风险？
- 在非暴露的动物中，什么暴露因素的袭击风险最低（$AP_{非暴露}$）？
- 最大绝对数病例的暴露因素是什么？
- 什么暴露因素对暴露动物和未暴露动物的攻击风险影响最大？请记住，这种风险差异称为归因风险（AR，见第六章）：$AP_{暴露}-AP_{非暴露}$。
- 哪些暴露因素对疫病的相对风险最大？

$$疫病的相对风险 = \frac{AP_{暴露}}{AP_{非暴露}}$$

满足上述大多数特征的暴露因素很可能是此次暴发的罪魁祸首。下面的核对表有助于跟踪所有研究过的暴露因素。

示例

紧接着上述的例子，我们填写核对表（表7.3）。

表7.3 确定潜在暴露因素中最有可能的风险因素核对表

暴露因素	最大 $AP_{暴露}$	最小 $AP_{非暴露}$	最大病例绝对数	最大归因风险	最大相对风险
犬舍Ⅰ	■	■	□	■	■
犬舍Ⅱ	□	□	■	□	□
犬舍Ⅲ	□	□	□	□	□
犬舍Ⅳ	□	□	□	□	□

表7.3显示，病犬最有可能的风险因素是被关在Ⅰ号犬舍。

示例

将病例定义为有腹泻症状的犬（报告为发病），再回顾一下这篇报告。疫情调查表看起来就有所不同（表 7.4）。

表 7.4　德国一军犬收容所暴发调查数据分析表（以腹泻病例的可能暴露因素为例）

暴露因素	暴露			非暴露			归因风险（%）	相对风险
	病例	对照	$AP_{暴露}$（%）	病例	对照	$AP_{非暴露}$（%）	$AP_{暴露}-AP_{非暴露}$	$AP_{暴露}/AP_{非暴露}$
犬舍 I	0	19	0	9	61	15	−15	0.00
犬舍 II	9	31	29	0	49	0	29	∞
犬舍 III	0	17	0	9	63	14	−14	0.00
犬舍 IV	0	13	0	9	67	13	−13	0.00

接下来我们填写核对表（表 7.5）。

表 7.5　确定最有可能风险因素的核对表

暴露因素	最大 $AP_{暴露}$	最小 $AP_{非暴露}$	最大病例绝对数	最大归因风险	最大相对风险
犬舍 I	☐	☐	☐	☐	☐
犬舍 II	■	■	■	■	■
犬舍 III	☐	☐	☐	☐	☐
犬舍 IV	☐	☐	☐	☐	☐

请注意，病例定义改变后，整个表格内容也随之改变，现在 II 号犬舍似乎是暴发的罪魁祸首。在大多数疫情中，计算和核对表不会那么清晰，这可能表明评估忽略了一个可能的风险因素。

这是一种不常见的表格设置，但很少看到带有可用于计算数字的疫情报告，因此我们用此报告作为示例。

使用犬舍编号作为暴露因素似有悖常理，但报告就是这样设置的。没有关于食用不同类型饲料犬的 AP 信息，这就使得不可能评估饮食是否为风险因素。如果您读了这份报告，就会注意到作者认为 II 号犬舍是病因。

后续工作

疫情调查需要时间。从第一次获得数据到研究一些假定的暴露因素，这期间很可能会出现更多的病例。重要的是将这些病例信息包含在分析之中，要尽可能多的获取信息，来检验假设。如果得出了决定性的结果，应发布这些信息，让更多的人能从中学习，特别是新出现的疫病。记录所有的工作，写一份报告，然后发表！

名 词 术 语

准确性（accuracy）：诊断检测检出真实值的能力。

Alpha（α）：出现 I 型错误的概率（如治疗方法的效果无差异，但得出有差异的结论）。

备择假设（alternative hypothesis）：假设实验组和对照组之间存在差异。

分析性研究（analytical study）：通过统计比较的方法得出结论研究。

相关性（association）：两个变量之间可衡量的关系（不一定只是风险因素和结果）。

感染风险（attack risk）：在一次疾病暴发中动物感染的比例。

归因风险（attributable risk）：考虑到种群中存在的其他风险因素导致的疾病风险，用于衡量与研究变量相关的疾病风险的差异（暴露组的发病动物中有多少是因为该暴露因素而致病的）。

Beta（β）：出现 II 型错误的概率（如治疗方法的效果存在差异，但得出无差异的结论）。

偏倚（bias）：倾向某种结果，而与真实情况出现偏差的现象。

生物学意义（biological significance）：研究结果对于是否值得做 X 来获得 Y 的重要性。

病例（case）：感染某种病原体或有某种研究设定情况的动物。

病例定义（case definition）：一种用以确定特定条件下，动物受某种疾病影响程度的描述。

病例报告（case report）：描述单个或一小群动物新发疫病情况的文章。

病例对照研究（case-control study）：比较感染动物和未感染动物之间的风险因素的回顾性研究。

病死率（case-fatality）：患病动物中因病死亡的比例，反应疾病发生的严重程度。

分类变量（categorical variable）：可主观赋值的变量。

因果关系（causation）：风险因素与结果之间的可测量关系，意味着存在风险因素就会有相应的结果。

临床试验（clinical trial）：实验组动物以可控方式暴露于一个潜在风险因素，对照组动物则有意识地使其远离同一风险因素的前瞻性研究。也称为**现场试验**（field trial）。

队列（cohort）：有共同特征的一群动物。

队列研究（cohort study）：在一段时间内，跟踪一组暴露动物和一组未暴露动物的观察性研究。

置信区间（confidence interval）：进行多次试验获取的结果值的范围，提示结果的可变性。

混杂（confounding）：在对风险因素与结果关系的研究中，能影响研究结果的变量。

连续变量（continuous variable）：在一定区间内可以任意取值的变量；也称为**参数变量**

（parametric variable）。

对照（control）：未感染某种病原体或无某种研究设定情况的动物。

对照组（control group）：能显示种群正常基线值的一组动物。

便利抽样（convenient sampling）：根据工作便利，随意选取动物样本的方法。

横断面研究（cross-sectional study）：同时开展风险因素和结果研究的方法。

因变量（dependent variable）：代表在研究中测得的结果变量，它们是**自变量**（independent variable）的函数。

描述性研究（descriptive study）：描述动物群体之间相同和不同特征的研究方法。

检出偏倚（detection bias）：检测或观察到特定的疫病或事件，导致结果偏差。

诊断试验（diagnostic test）：能够区分患病个体和非患病个体的设备或程序。

鉴别能力（discrimination ability）：区分感染动物和未感染动物的能力。

特因死亡数（disease-specific mortality）：一段时期内死于某一特定疫病的动物数量。

地方流行（endemic）：种群中疫病的发病率处于正常水平或等于基线发病率。

流行（epidemic）：种群中的疾病发生率的增加，高于基线发病率，也称为**暴发**（outbreak）。

流行病学曲线（epidemic curve）：呈现群体中的发病情况的图。

流行病学（epidemiology）：研究群体疫病的学科。

循证医学（evidence-based medicine）：依据科学证据进行医疗决策，有新信息或新技术时，及时加以利用提高疗效。

现场试验（field trial）：人为将一组动物暴露于潜在风险因素（研究组），另一组动物不暴露与该风险因素（对照组）的前瞻性研究方法，也称为**临床试验**。

金标准（gold standard）：判断真实疾病状态的最准确的实验。

发病率（incidence）：在一定期间内，特定群体中某事件出现的速度。

自变量（independent variables）：能对研究结果（因变量）产生影响的可测量特征。

指示病例（index case）：指在一起暴发疫情中，最早发现和报告的符合病例定义的病例。

信息偏倚（information bias）：在收集和整理有关暴露或疾病的资料时，由于过多或过少地提供了关于某一疫病或症状的信息而导致结果偏差。

交互作用（interaction）：与结果相关的两个风险因素互相作用产生的影响。

纵向研究（longitudinal study）：在观察或测量结果之前，从未暴露于风险因素的动物开始着手的研究；也称为**前瞻性研究**。

患病率（morbidity）：在特定种群中受特定影响影响的动物比例。

死亡率（mortality）：某一时间段内畜群中死亡的动物数量。

阴性对照组（negative control）：在前瞻性研究中未暴露于风险因素的动物对照组，或在回顾性研究中未患病的动物对照组。

阴性预测值（negative predictive value）：当动物的检测结果为阴性，其真正未感染的概率。

名称变量（nominal variable）：具有主观赋值的变量，通常是名称。

非参数变量（nonparametric variable）：具有主观赋值的变量。

原假设（null hypothesis）：假设实验组和对照组之间没有差异，也称**零假设**。

观察性研究（observational study）：只观察动物，不允许干预的研究。

比值比（odds ratio）：暴露动物患病比例与未暴露动物患病比例的比值。

有序变量（ordinal variable）：具有主观赋值并能以梯度形式排序的变量。

原创研究（original study）：报道疾病或状况中特定问题的文章，通常旨在展示新的信息。

暴发（outbreak）：相对于种群中的基线发病率，疫病发生率的增加；也称为**流行病**。

考察指标（outcome of interest）：我们所假设或者所调查的结果。

大流行（pandemic）：影响多个地区的流行病。

平行检测（parallel testing）：同时使用两个或多个诊断检测，如果一个动物对任何检测都呈阳性，则将其视为阳性动物。

参数变量（parametric variable）：变量值之间有可测区间的变量；也称为**连续变量**。

安慰剂因素（placebo）：对研究结果不产生影响的因素。

风险种群（population at risk）：在研究中可能遭受感染或患病的动物群组。

阳性对照组（positive control）：在前瞻性研究中暴露于风险因素的动物对照组，或在回顾性研究中患病的动物对照组，因此我们可以判断暴露是有效的。

阳性预测值（positive predictive value）：当动物的检测结果为阳性时，其真正感染的概率。

把握度（power）：正确识别不同治疗方法的概率（在实际中治疗方法的效果有差异，并得出有差异的正确结论）。把握度等于 $1-\beta$。

精确度（precision）：表示在相同条件下，检测对同一样本的重复测定值之间的一致程度。

流行率（prevalence）：在一段时间内患病动物的比例。

预防因素（preventive factor）：与结果相关的风险因素。暴露于预防因素的动物比未暴露的动物有更低的患病风险；也称为**保护因素**。典型的例子是疫苗。

比例（proportion）：亚组动物数量与总体动物数量的比值。

前瞻性研究（prospective study）：在观察或测量结果之前，从未暴露于风险因素的动物开始着手的研究；也称为**纵向研究**。

保护因素（protective factor）：与结果相关的风险因素。暴露于保护因素的动物比未暴露的动物有更低的患病风险；也称为**预防因素**。典型的例子是疫苗。

P 值（p-value）：某个事件发生的概率。

随机抽样（random sampling）：所有动物被选中的概率相等。

比率（rate）：考虑了面临风险的时间时间段因素，在面临风险时间段内亚组动物数量与总体动物数量的比值。

比（ratio）：两个亚组的动物数量的比值，这两个亚组互不相容。

回忆偏倚（recall bias）：由于研究对象更好地回想起某种风险因素或者某种疫病导致在准确性和完整性上与实际情况出现偏差的现象。

相对风险（relative risk）：暴露动物患病概率与未暴露动物患病概率的比值。

回顾性研究（retrospective study）：在观察或测量结果后开始的研究。以现在为结果，回溯到过去的研究。

综述文章（review article）：对当前有关疫病的知识的深入总结。

风险（risk）：感染疫病或暴露于某种风险因素等事件发生的可能性。

风险因素（risk factor）：引起或增加风险事故发生概率的因素。

样本量（sample size）：一组动物的数量，通常用 N 或 n 表示。

筛检（screening）：一种特殊类型的串联试验，在这种检测中，首先进行诊断检测，以尽可能区分已感染和未感染的个体。

选择偏倚（selection bias）：与对照组相比，患病动物被抽样的概率不同导致研究结果与实际情况出现偏差的现象。

敏感性（sensitivity）：即实际有病而按该筛检试验的标准被正确地判为有病的百分比。反映筛检试验发现感染动物病畜的能力。

串联试验（serial testing）：只对一个动物亚组使用两个或多个诊断测试，以证实结果的确定性。

特异性（specificity）：即实际无病按该诊断标准被正确地判为无病的百分比。反映筛检试验检出未感染动物的能力。

标准差（standard deviation，SD）：反应一组动物之间测得数据波动程度的指标。

均值标准误差（standard error of the mean，SEM）：虽然样本均值可以反映总体数据的特征，但在不同次抽样中所得的样本均值是不同的，并且它们与总体均值间存在差异。均值标准误差就是描述这些样本均值与总体均值之间平均差异程度的统计量。

统计显著性（statistical significance）：显著性的含义是指两群组之间的差异是由于系统因素而不是偶然因素的影响。显著性由 P 值表示。

分层抽样（stratified sampling）：根据特定的特点将动物分为不同的组和亚组。

试验组（study group）：暴露于特定风险因素的一组动物。

亚组（subgroups）：实验组或对照组中具有某些共同特征的子组。例如，雄性和雌性或不同年龄组。

调查（survey）：收集主观信息的回顾性研究。

系统抽样（systematic sampling）：依据固定的抽样距离（偶数/奇数或者1、2、3），从畜群总体中抽取样本。

第Ⅰ类错误（type Ⅰ error）：在实际中实验组与对照组无差异，但得出相反的有差异的结论。

第Ⅱ类错误（type Ⅱ error）：在实际中实验组与对照组有差异，但得出相反的无差异的结论。

变量（variable）：指能被测量的事物在性质、数量、强度、程度等方面可发生变化的特征。

白皮书（white paper）：表达作者对某一疫病的意见或立场的文章。

公　式

比例：$\dfrac{A}{A+B}$

比值：$\dfrac{A}{B}$

比率：$\dfrac{A}{(A+B)\times 时间}$

流行率：$\dfrac{一定时间内某畜群患该病的病例总数}{畜群中具有风险的动物数量}$

发病率：$\dfrac{一定时间内某畜群患该病的新病例数}{风险期内畜群中具有风险的动物数量}$

患病率：$\dfrac{给定种群中患病动物数量}{给定种群动物数量}$

死亡率：$\dfrac{畜群动物死亡总数}{畜群中具有风险的动物数量}$

因病死亡率：$\dfrac{因病死亡数}{风险期内畜群中具有风险的动物数量}$

病死率：$\dfrac{因病死亡数}{病例数}$

随机数（Random number）excel 中用于生成随机数的随机数函数如下：

RAND（）——生成一个 0～1 之间的随机数，其后小数点可以具体到 15 位

RANDBETWEEN（x，y）——生成一个 x - y 之间的随机整数

比值比：$OR=\dfrac{暴露动物患病比例}{未暴露动物患病比例}=\dfrac{a/c}{b/d}=\dfrac{a\cdot d}{b\cdot c}$

$OR=\dfrac{a\cdot d}{b\cdot c}=\dfrac{30\cdot 45}{20\cdot 5}=\dfrac{1350}{100}=13.5$

$OR=\dfrac{a\cdot d}{b\cdot c}=\dfrac{12\cdot 6}{132\cdot 39}=\dfrac{72}{5148}=0.014$

$\dfrac{1}{0.014}=71.5$

$OR=\dfrac{a\cdot d}{b\cdot c}=\dfrac{39\cdot 132}{6\cdot 12}=\dfrac{5148}{72}=71.5$

$OR=\dfrac{a\cdot d}{b\cdot c}=\dfrac{41\cdot 102}{36\cdot 41}=\dfrac{4183}{1476}=2.83$

暴露动物患病风险：$Risk_{暴露动物}=\dfrac{a}{a+b}$

非暴露动物患病风险：$Risk_{非暴露动物} = \dfrac{c}{c+d}$

相对风险：$RR = \dfrac{暴露动物患病概率}{非暴露动物患病概率}$

$$= \dfrac{Risk_{暴露动物}}{Risk_{非暴露动物}} = \dfrac{\frac{a}{a+b}}{\frac{c}{c+d}}$$

$$RR = \dfrac{Risk_{暴露动物}}{Risk_{非暴露动物}} = \dfrac{\frac{a}{a+b}}{\frac{c}{c+d}} = \dfrac{\frac{1}{1+26}}{\frac{23}{23+36}} = \dfrac{\frac{1}{27}}{\frac{23}{59}} = \dfrac{0.04}{0.39} = 0.10$$

$$RR = \dfrac{Risk_{暴露动物}}{Risk_{非暴露动物}} = \dfrac{\frac{a}{a+b}}{\frac{c}{c+d}} = \dfrac{\frac{23}{23+36}}{\frac{1}{1+26}} = \dfrac{\frac{23}{59}}{\frac{1}{27}} = \dfrac{0.39}{0.04} = 9.75$$

归因风险：$AR = Risk_{暴露动物} - Risk_{非暴露动物}$

试验的敏感性：$Se = \dfrac{真阳性数量}{所有感染动物数量} = \dfrac{TP}{TP+FN} = \dfrac{a}{a+c}$

$$Se = \dfrac{真阳性数量}{所有感染动物数量} = \dfrac{TP}{TP+FN} = \dfrac{53}{53+4} = \dfrac{53}{57} = 93.0\%$$

试验的特异性：$Sp = \dfrac{真阴性数量}{所有未感染动物数量} = \dfrac{TN}{TN+FP} = \dfrac{b}{b+d}$

$$Sp = \dfrac{真阴性数量}{所有未感染动物数量} = \dfrac{TN}{TN+FP} = \dfrac{170}{170+10} = \dfrac{170}{180} = 94.4\%$$

阳性预测值：$PPV = \dfrac{真阳性数量}{所有阳性数量} = \dfrac{TP}{TP+FP} = \dfrac{a}{a+b}$

$$PPV = \dfrac{真阳性数量}{所有阳性数量} = \dfrac{TP}{TP+FP} = \dfrac{53}{53+10} = \dfrac{53}{63} = 84.1\%$$

阴性预测值：$NPV = \dfrac{真阴性数量}{所有阴性数量} = \dfrac{TN}{TN+FN} = \dfrac{c}{c+d}$

$$NPV = \dfrac{真阴性数量}{所有阴性数量} = \dfrac{TN}{TN+FN} = \dfrac{170}{170+4} = \dfrac{170}{174} = 97.7\%$$

感染比例：$AP = \dfrac{感染动物的数量}{畜群中具有风险的动物数量}$

种群患病相对风险：$\dfrac{AP_{暴露动物}}{AP_{非暴露动物}}$

结　语

　　本书的正文部分到此结束。相信这些章节应该能够让读者大致了解，如何将流行病学应用于临床兽医的日常工作。如果本书可以激发读者对兽医流行病学的兴趣，想要深入学习，有很多著作可以帮助读者扩展相关知识，成为一名流行病学家。希望这本书能帮助读者成为一名更好的临床兽医。

附件 名 词 表

A

癌症，另见肿瘤
安乐死
安慰剂

B

β（第二类错误的概率）
白皮书
白血病，猫
百分比
保护因素
暴发
暴发调查
暴露
备择假设/对立假设
苯巴比妥米那（镇静安眠剂）
比较
  比较分析
  数据比较
  组间比较
  比较方法/比较治疗
  比较研究
比例
比值
比值比
庇护所/收容所，动物
变化/差异/变异
变化数量/变动大小/差额
变化速度
变体/变种
标准/准则

标准差
表型
丙氨酸转氨酶
病毒
病理状况
病例报告/病例报道
病例定义
病例对照研究
病人
病死率
病畜，另见感染动物
波氏杆菌
跛足
  跛足评分
补充
哺乳期
不显著
不知不觉的/未意识到的/无意识的

C

材料和方法
参考文献，另见文献
参数变量，另见连续变量
参照类/参照类别/参考类别
产犊
产仔
长期的
场所/养殖场所
成本
抽样策略
出版物
出血

出院，住院

传染病

串联试验，也称系列试验

春季

纯种动物/良种动物

雌性

存活

错误

D

大象

大型品种

代表性样本

单变量

导管

低估

滴度，疫苗接种

第二类错误/第Ⅱ类错误

第一类错误/第Ⅰ类错误

癫痫

电解质

调查

定量数据

定性数据

冬季

动态种群

动物收容处，另见畜棚；猫舍；犬舍

度量

短期

锻炼/运动

队列研究

对研究论文的评估

对照研究

多变量

多只宠物

多种结果

E

2×2 表格

恶化

儿童

耳朵

F

发病率

发烧/发热

范围

方差分析

非病理状况

非参数变量，另见分类变量

非代表性样本

肥胖/肥胖症

费舍尔精确检验

分层

分类

分类变量，另见非参数变量

分类错误

分母

分析对象/分析单元

分析性研究

分子

粪便/排泄物

粪便评分

风险

风险因素

疯牛病

复发

副作用/不良作用/不良影响

腹泻

G

改善/提高

概率

概要/摘要

干预/干涉

干预措施

肝脏

感染

感染比例，另见感染风险

感染动物，另见病畜

感染风险，另见感染比例

感知/理解

高估

高血糖

革兰氏阴性

个体层面数据

攻击性

估计

骨肉瘤

关节

关节炎

关节炎，败血症

关联的特异性

关联的一致性

观察

观察研究

管理/政府/行政部门

归因风险

过敏反应

过氧化物/过氧化氢/双氧水

H

横向研究/现况调查

后续工作/后续行动

呼吸道疫病/呼吸系统疫病

互斥组

化疗

环境

缓解

浣熊

患病率

灰色文献

回顾性研究

回归分析

混杂/令人困惑的

活体放生

霍乱

霍乱弧菌

J

肌酸

姬螯螨/恙虫

基础

基因型/基因类型

激素/荷尔蒙

吉娃娃

急性腹痛/腹绞痛

计数/数量

计算/计算结果

计算器

记录，数据

剂量反应

寄生虫

假设

假阳性

假阴性

检测

检测限值

检测性能

检验势/检验功效

碱性磷酸酶

健康动物，另见未感染动物

结果/后果

结果/效果

结果变量

结果的解释

结果中数据的呈现方式/展示方式

结痂

结论

正确性

担保/保证/证明

截止限值，另见阈值

金标准

金毛猎犬

近似值

经验/经历

精确度

局限性

具体评估/衡量/评价方法

聚合酶链式反应（PCR）

决策

决议/解决方案

均值

均值标准误差

K

Kaplan-Meier 曲线

开放式问题

康复

抗生素，另见杀菌剂

抗体

可靠性

客观评价

空间模式/空间分布

控制组/对照组

口臭

髋关节发育不良

狂犬病

矿物质

溃疡，胃

困惑/混淆

L

logistic 回归

老虎

类比

类别/分类/种类

利什曼原虫病/利什曼病

连续变量，另见参数变量

列联表

鬣犬

临床试验

临床医生，另见兽医

临床诊断

临床症状

灵活性

流产

流程

流行病学

率/比率

氯霉素

孪生

骡/母马

M

meta 分析/元分析

马厩/畜棚，马

马驹

马疱疹病毒

脉搏

曼-惠特尼 U 检验/曼-惠特尼秩和检验

猫

　猫舍

酶联免疫吸附测定

免疫接种

描述

描述性统计

描述性研究

敏感性

名称变量，又称类别变量

模棱两可/含糊不清/模糊

模式

某种特定疫病

N

奶牛

脑/大脑

内窥镜检查

年龄

　老龄

　幼龄

尿液分析

牛磺酸缺乏

农场

农村实践

农户

O

呕吐

偶然性/可能性

P

P 值

排除标准

疱疹病毒

培养物/培养菌

配对，另见匹配

皮肤/皮毛

皮炎

皮质醇

匹配，另见配对

偏倚/偏差

  偏倚的定义

  检测偏倚

  信息偏倚

  回忆偏倚

  选择偏倚

频率

品种，风险因素

平均值/均值/平均数

平行检验

评分系统/打分系统

葡萄球菌

葡萄糖

Q

期刊，科学的

前列腺

前瞻性研究

潜意识

轻度评分

倾向/趋向

清单/检查列表/一览表

秋季

区分/辨别/甄别能力

区间/间隔

全血细胞计数（CBC），又称为血常规、血象、血细胞分析、血液细胞分析、血细胞计数或血液细胞计数

犬吠

犬瘟热，犬科动物

R

妊娠，另见怀孕

妊娠诊断

日常工作

肉瘤

乳腺

乳腺炎

S

赛拉菌素

赛马，另见赛马场

赛马场，另见赛马

杀菌剂，另见抗生素

沙门氏菌

筛检/检查

山羊

疝/疝气

伤口化脓

伤口愈合

猞猁

社论

身体状况评分

渗出液/渗出物

生存分析

生物学合理性

生物学意义

失职/玩忽职守/医疗事故

时间关联/时序关联

时间模式/时序模式

实验室间的变化/实验室间的差异

食物

食源性疫病/食物传播的疫病

世界

视网膜变性

嗜睡/昏昏欲睡/无精打采

手术

兽医，另见临床医生

兽医文献/学术研究

兽医诊所/医院/实验室

数据收集

死胎/死产/夭折

死亡

死亡率

饲料

随机

损伤评分

损伤严重程度

所有者

所有者报告

T

T-检验

胎儿/胚胎

胎盘

胎衣不下

泰乐菌素

糖尿病

讨论

特点

特定含义

特定结果

特定时间

特定组

特征

疼痛评分

梯度

体温

体重

　体重变化

增重/体重增加

体重下降/体重减轻

条例/规章

同行评议

统计分析

统计学意义

图表

图形表示法

推断/外延/外推

退化

唾液

W

Wilcoxon 符号秩检验

未感染动物，另见健康动物

胃扩张/扭转

文献/研究资料，另见参考文献

问题，研究

问题的严重性/严重程度

问题定义

污染

无变化

无差异

无症状的

误差条形图

误差

　误差测量

　误差统计

误解/误读/错误解释

X

西尼罗河病毒

系统的

细菌

细菌耐药性/抗生素耐药性

细小病毒

显著性

现实生活/现实

线性回归

腺病毒

相对风险

相关强度/关联强度

相关系数

相关性

相关因素

相互作用/相互影响/互动

相邻的

箱形图

消瘦

小猎犬

小牛/牛犊/幼牛

小型犬/玩赏犬

效应修正

心率/脉搏

心脏病学

新陈代谢

行为

性别

性情

性腺切除术

雄性

畜群总体数量

选择标准/纳入标准

血管肉瘤/血管瘤

血清

血清学

血栓

血液生化检查，又称血液化学检查

血液样本，另见血液生化检查

血肿

循证医学

Y

压力

牙龈炎

亚组/子组

阉割，另见性腺切除术

严重

研究期间

研究设计

眼睛

厌食/厌食症/食欲缺乏

阳性对照

阳性检测结果

阳性预测值（NPV）

养犬场/犬舍

样本

  选择

  数量

野牛（分北美野牛和欧洲野牛两类）

野生动物

伊维菌素/双氢除虫菌素

遗传决定/基因决定论

疑似

异常

疫病

  疫病检测

  疫病模式

  疫病严重性

  疫病传播

  疫病曲线/流行病曲线

    点源流行曲线

    传播流行曲线

  疫病特异性死亡率

意见

意义/含义

因变量

因果关系

因果途径

阴性对照

阴性检测结果

阴性预测值（NPV）

影响

优势

有效性

有序变量

预后

阈值，另见截止限值

原假设/零假设

约翰氏病/副结核病

Z

Z-检验

在正常范围内

早期出现症状

早期干预

早期阶段

早期研究

噪音恐惧症

针刺疗法/针刺治疗

诊断

  诊断核实/验证

  诊断检测的特异度

  诊断检验/检测

    正确率

    精确度

    检验质量

真实关联/真相关性

真阳性

真阴性

正常动物/完整动物

正确率/准确度

证据/根据

症状

指示病例

治疗

  治疗方案

致病因素/因果因素

置信区间

置信水平

中度

中位数

中性粒细胞

肿瘤，另见癌症

种群

种群数量/种群大小

周期性疫病

珠子植入

主观评价

注射

注射疫苗/接种疫苗/免疫接种

转换，数据

自变量

纵向研究

综述文章/文献综述

组合

组级数据

最小化

图书在版编目（CIP）数据

兽医临床流行病学指南/（美）奥罗拉·维拉里尔
（Aurora Villarroel）编著；王幼明，徐天刚，高璐主
译. —北京：中国农业出版社，2021.6
（世界兽医经典著作译丛）
ISBN 978-7-109-28032-8

Ⅰ.①兽…　Ⅱ.①奥…　②王…　③徐…　④高…　Ⅲ.
①兽医学－临床流行病学－指南　Ⅳ.①S851.3-62

中国版本图书馆 CIP 数据核字（2021）第 045000 号

Practical Clinical Epidemiology for the Veterinarian
By Aurora Villarroel
ISBN 978-1-118-47206-4
© 2015 by John Wiley & Sons，Inc
All Rights Reserved. This translation published under license with the original publisher John Wiley & Sons，Inc.
No part of this book may be reproduced in any form without the written permission of the original copy-
rights holder. Copies of this book sold without a Wiley sticker on the cover are unauthorized and illegal.

本书简体中文版由 John Wiley & Sons 公司授权中国农业出版社独家出版发行。本书内容的任何部分，
事先未经出版者书面许可，不得以任何方式或手段复制或刊载。

合同登记号：图字 01-2020-2546 号

中国农业出版社出版
地址：北京市朝阳区麦子店街 18 号楼
邮编：100125
责任编辑：刘　玮　弓建芳
版式设计：杨　婧　责任校对：刘丽香
印刷：北京通州皇家印刷厂
版次：2021 年 6 月第 1 版
印次：2021 年 6 月北京第 1 次印刷
发行：新华书店北京发行所
开本：787mm×1092mm　1/16
印张：8
字数：180 千字
定价：49.00 元

版权所有·侵权必究
凡购买本社图书，如有印装质量问题，我社负责调换。
服务电话：010-59195115　010-59194918